Fahrrad
Reparaturen

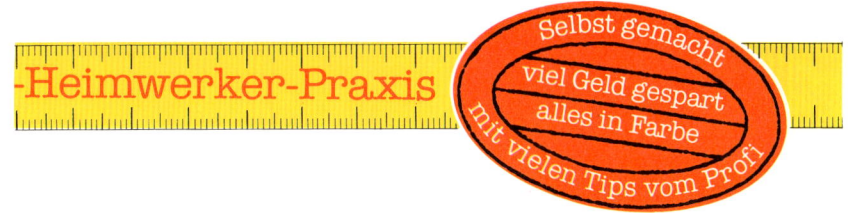

Heimwerker-Praxis

Selbst gemacht
viel Geld gespart
alles in Farbe
mit vielen Tips vom Profi

Rob van der Plas

Fahrrad Reparaturen

FALKEN

4

Inhalt

Das Fahrrad und seine Wartung

Dieses Buch will dem Besitzer eines Fahrrads helfen,
es selbst in optimalem Zustand zu halten. Es ist also kein
allgemeines Fahrradbuch. Deshalb wird hier die Geschichte
des Fahrrads ebensowenig behandelt werden wie Trimmen
oder Touren. Trotzdem sind einige allgemeine Hinweise
zum Thema Fahrrad und dem Umgang mit dem Werkzeug
an dieser Stelle angebracht: es gilt, den Leser mit seinem
Fahrrad ausreichend vertraut zu machen, damit ihm sich
wiederholende Erklärungen in den Reparaturanleitungen
erspart werden können.

Das Fahrrad

Die Abbildung ❶ zeigt das Fahrrad mit seinen Einzelteilen. Machen Sie sich mit den Benennungen der einzelnen Teile vertraut, denn sie werden in den folgenden Kapiteln immer wieder auftauchen.

Die folgende Beschreibung der Komponentengruppen und des Zubehörs ist allgemein gehalten und gilt deshalb für jedes beliebige Fahrrad. Dabei sind die einzelnen Teile nach dem gleichen Schema in Funktionsgruppen zusammengefaßt, nach dem auch ihre Wartung und Reparatur behandelt werden.

Die Teile des Fahrrads

Das Skelett des Fahrrads ist der Rahmen, ein »Gerüst« aus Stahlrohren. Die übrigen Teile des Fahrrads werden vom Hersteller an den fertigen Rahmen montiert, der aus einem Vorderbau mit relativ dicken Rohren (Unterrohr, Oberrohr, Sattelrohr und Steuerkopfrohr) und einem Hinterbau mit dünneren Doppelrohren (Hinterrohre und Hinterstreben) besteht. Unten befindet sich ein kurzes Querrohr, das Tretlagergehäuse. Weitere Einzelheiten im nächsten Kapitel.

Die Lenkung setzt sich aus Vordergabel und Lenker sowie aus den unteren und oberen Steuerkopflagern, mit denen die Lenkungsteile drehbar in den Rahmen montiert sind, zusammen. Eine Klemmvorrichtung erlaubt die Änderung der Lenkerhöhe, d.h. der Ausragung sowie, bei manchen Modellen, der Neigung des Lenkers.

Der Sattel wird auf einer Sattelstütze angebracht, die im Sattelrohr des Rahmens eingeklemmt wird. Auch hier gibt es Klemmvorrichtungen zum Verstellen von Höhe, Position und Neigung.

Der Antrieb des Fahrrads besteht aus all jenen Teilen, mit denen die Kräfte des Fahrers auf das Hinterrad übertragen werden. Im Tretlagergehäuse ist das Tretlager angebracht, auf dessen Achse die Tretkurbeln befestigt sind. Die Pedale sind an den Enden der Tretkurbeln eingeschraubt. Ebenfalls mit der (rechten) Tretkurbel verbunden ist das Kettenblatt (bei einem Rad mit Kettenschaltung mehrere Kettenblätter). Die Kette verbindet das Kettenblatt mit dem Ritzel des Hinterrads. Schließlich gibt es einen Freilaufmechanismus, der als Teil der Gangschaltung gilt.

Mit einer Gangschaltung, mit der das Verhältnis zwischen Tretgeschwindigkeit und Tretkraft einerseits und Fahrgeschwindigkeit und -widerstand andererseits aufeinander abgestimmt wird, sind heute die meisten Fahrräder ausgestattet. Die Mehrzahl der Gebrauchsräder hat eine Nabenschaltung. Sie besteht aus einem in der Nabe des Hinterrades integrierten Getriebe, das in den meisten Fällen mit einer Rücktrittbremse kombiniert ist. Die Bedienung der Nabenschaltung besteht aus einem

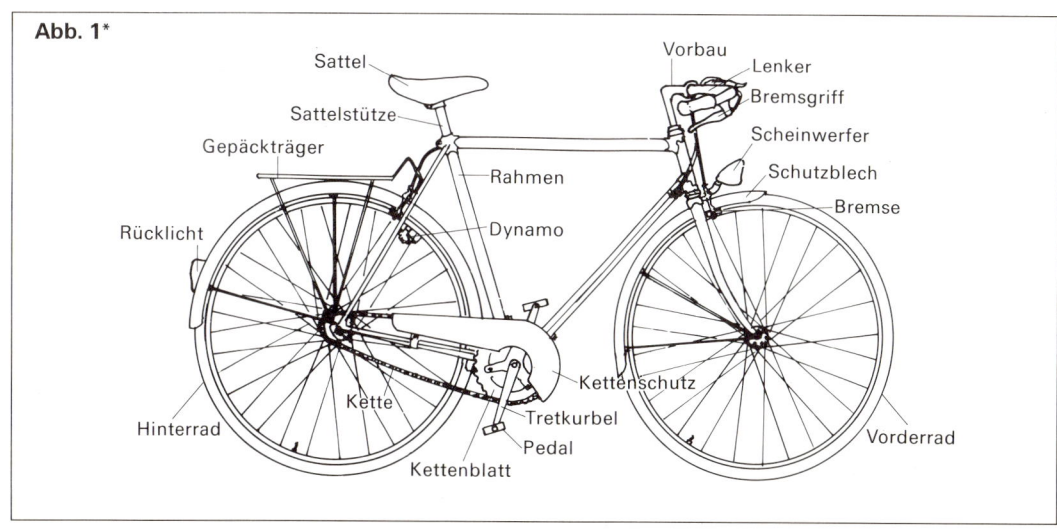

Abb. 1*

Sattel · Sattelstütze · Gepäckträger · Rücklicht · Rahmen · Dynamo · Hinterrad · Kette · Kettenblatt · Pedal · Tretkurbel · Kettenschutz · Vorbau · Lenker · Bremsgriff · Scheinwerfer · Schutzblech · Bremse · Vorderrad

* ❶ ≙ Abb. 1 usw.

auf dem Lenker angebrachten Versteller sowie einem biegsamen Schaltseil, das über am Rahmen montierte Führungen läuft und Versteller und Schaltnabe verbindet.

Die Kettenschaltung wird insbesondere bei leichten und sportlichen Rädern verwendet. Bei dieser Gangschaltung sind vorne am Tretlager meist 2 oder 3 unterschiedlich große Kettenblätter, am Freilauf des Hinterrades meist 5 oder 6 unterschiedlich große Ritzel angebracht. Mit einem Umwerfer oder Schaltsegment kann die Kette am Hinterrad vom einen zum anderen Ritzel »umgelegt« werden, während ein Kettenblatt-Umwerfer die Wahl zwischen den Kettenblättern möglich macht. Auch hier erfolgt die Bedienung mittels Schalthebeln (meist jedoch nicht am Lenker, sondern am Unterrohr des Rahmens angebracht) und biegsamen Schaltseilen, die über Führungen am Rahmen verlaufen.

Die Laufräder bestehen jeweils aus einer Nabe, die sich auf Kugellagern um die im Rahmen bzw. in der Vordergabel gehaltene Achse dreht und die durch Speichen mit der Felge verbunden ist. Auf der Felge liegt der Reifen, der aus einem dünnen, luftdichten Schlauch und einem widerstandsfähigen Mantel besteht. Rennräder werden mit besonderen, rundum vernähten sog. Schlauchreifen ausgestattet, die auf eine besondere Felge aufgekittet werden.

Jedes Fahrrad muß mit zwei unabhängig voneinander zu bedienenden Bremsen ausgestattet sein. Das Hinterrad des einfachen Rads hat normalerweise eine Rücktrittbremse. Es gibt jedoch auch andere Nabenbremsen, z.B. Trommelbremsen, oder, sehr selten, Scheibenbremsen. Die Rücktrittbremse wird durch Zurücktreten der Tretkurbeln, die anderen mit der Hand betätigt. Bei handbedienten Bremsen kann die Übertragung entweder über biegsame Bremsseile oder, seltener, über starre Hebelgestänge stattfinden.

Die Felgenbremse wird nicht nur am Vorderrad des mit Rücktrittbremse ausgestatteten Rades, sondern vor allem bei sportlichen Rädern auch am Hinterrad benutzt. Obwohl ihre Bremswirkung unter günstigen Bedingungen ausgezeichnet ist (direkt, kräftig und fein dosierbar), ist sie empfindlich gegen Nässe oder Schmutz und erfordert wesentlich mehr Pflege als die Nabenbremse.

Auch Felgenbremsen gibt es in mehreren unterschiedlichen Typen, die auf den Seiten 67 gesondert behandelt werden.

Die Beleuchtung ist wohl das wichtigste (und leider anfälligste) Zubehör. In der Bundesrepublik Deutschland ist das System mit Dynamo gesetzlich vorgeschrieben, während man sich in anderen Ländern auch einer batteriebetriebenen Beleuchtung bedienen darf. Sie besteht gewöhnlich aus getrennten Gehäusen für vorne und hinten mit jeweils eigenen Batterien. Die Dynamobeleuchtung besteht aus einem Dynamo, die einpolig durch isolierte Stromkabel mit Scheinwerfer und Rücklicht verbunden ist. Der Strom wird über Massekontakte und das Metall des Fahrradrahmens zurückgeführt. Ebenfalls zur Beleuchtung gehören die Rückstrahler.

Das übrige Zubehör ist, abge-sehen von der gesetzlich vorgeschriebenen Klingel, jedem selbst überlassen: manche mögen allerhand Zubehör, andere beschränken sich auf das Nötigste. Fast jedes Fahrrad ist mit Schutzblechen, Kettenschutz, Gepäckträger und Ständer ausgestattet. Daneben gibt es allerhand Dinge, wie Kindersitz, Mantelschoner, Rückspiegel, Körbe, Sattel-, Lenker- und Seitentaschen und sogar Anhänger. Dabei wird das Wichtigste nur allzuoft vergessen: eine Luftpumpe und das Werkzeug.

Werkstatt und Arbeitshilfen

Mit nur wenigen Werkzeugen und in einem bescheidenen Arbeitsraum lassen sich fast sämtliche anfallenden Reparaturen ausführen. Obwohl es manchmal unvermeidlich ist, diese Arbeiten in anderen Räumen oder auch unterwegs durchzuführen, erleichtert natürlich eine eigens dafür eingerichtete Werkstatt mit speziellen Hilfsmitteln das Arbeiten am Rad selber.

Die Werkstatt

Zwei Meter lang und ebenso breit, das ist die Mindestgröße einer Fahrradwerkstatt, die auch gut beleuchtet sein sollte. Eine Werkbank mit Schraubstock und ein Wandregal mit festen Plätzen für die einzelnen Werkzeuge sowie für die Aufbewahrung von Kleinteilen gehören dazu. Das Fahrrad selbst kann entweder aufgehängt oder umgekehrt aufgestellt ❷

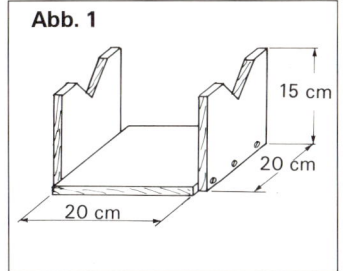

Abb. 1

15 cm

20 cm

20 cm

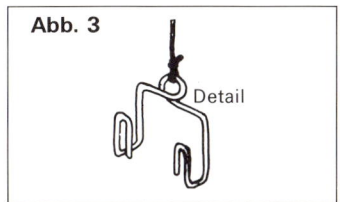

Abb. 3

Detail

Abb. 2

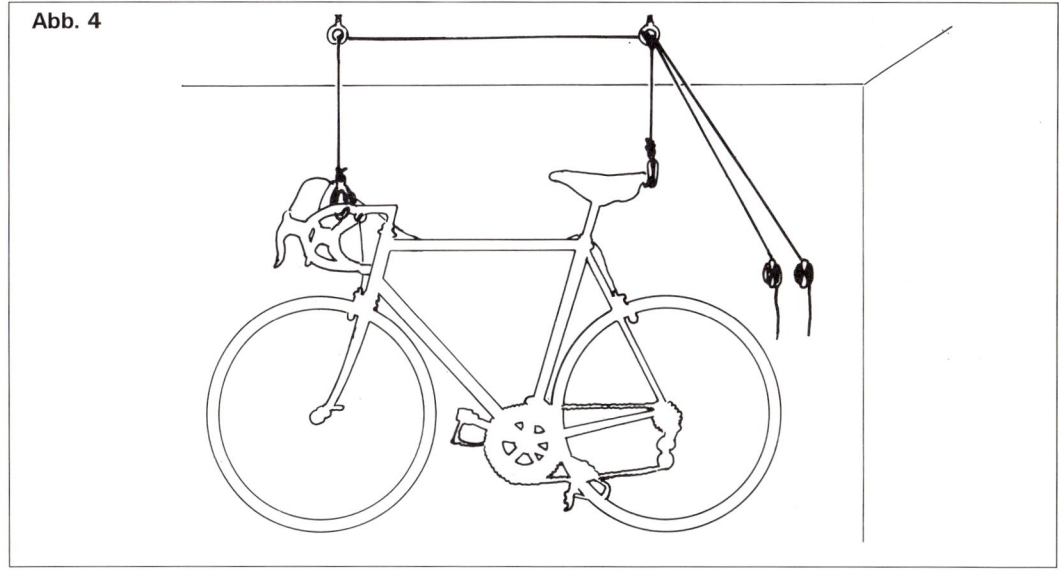

Abb. 4

werden. Dabei dürfen Teile, die am Lenker angebracht sind, und insbesondere Bremszüge nicht beschädigt bzw. eingeklemmt oder geknickt werden. Die Abbildungen zeigen, wie eine Aufhängevorrichtung ❸ ❹ und eine Lenkerstütze ❶ selbst herzustellen sind, mit deren Hilfe solche Beschädigungen vermieden werden.

Das Werkzeug

Für manche Arbeiten ist Spezialwerkzeug nötig, für die meisten genügt jedoch eine ganz bescheidene Grundausstattung. In diesem Abschnitt werden lediglich die gängigsten Werkzeuge aufgeführt, die in keiner Werkstatt fehlen dürfen. Welche Werkzeuge auch auf einer Radtour mitgeführt werden müssen, hängt von den Umständen ab: Überlegen Sie selbst, was passieren kann und welche Werkzeuge und Ersatzteile mitgenommen werden sollten. Bedenken Sie beim Werkzeugkauf, daß es große Qualitätsunterschiede gibt und sich langfristig die teurere Ausführung auf jeden Fall lohnt. Es sind zwei Typen von Werkzeugen zu unterscheiden: universales und Spezialwerkzeug für Fahrräder. Letzteres ist ausschließlich in Fahrrad-Fachgeschäften erhältlich. An dieser Stelle wird nur das Universalwerkzeug ❶ beschrieben, während das Spezialwerkzeug ❷ jeweils bei den Arbeiten, für die man es braucht, behandelt wird.

Schraubendreher. Für die Arbeit an üblichen Schlitzkopfschrauben brauchen Sie Modelle mit Klinkenbreiten von ca. 4 mm und 7 mm. Zusätzlich benötigen Sie ein oder zwei Kreuzkopfmodelle.

Schraubenschlüssel. Zum Gegenhalten, Ein- und Ausschrauben von Sechskantmuttern und -bolzen sowie für verschraubte Teile mit abgeflachten Griffflächen. Sie brauchen (einstellbare) Rollgabelschlüssel (ca. 15 cm und 20–25 cm lang), Gabelschlüssel und Steckschlüssel (Maulweiten jeweils 7–15 mm).

Inbusschlüssel. Dieses Werkzeug wird für Spezialschrauben und Fahrradteile mit sechskantiger Aussparung im Kopf gebraucht (Größen 4–8 mm).

Hammer. Sie benötigen einen ca. 300 g schweren Schreinerhammer sowie einen Schonhammer aus Holz oder Kunststoff.

Metallsäge. Billig und praktisch ist die kleine sog. Pucksäge, die Sie gelegentlich brauchen werden, z.B. um einen beschädigten Schraubenschlitz auszubessern oder um festgerostete und beschädigte Teile abzutrennen.

Zangen. Nicht für Arbeiten benutzen, für die es passendere Werkzeuge gibt – eine Zange ist kein ausreichender Ersatz

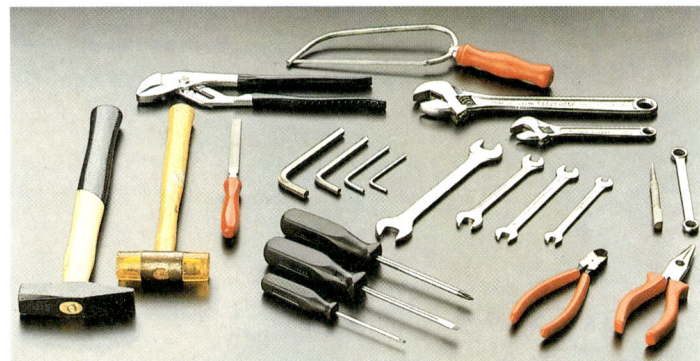

Abb. 1

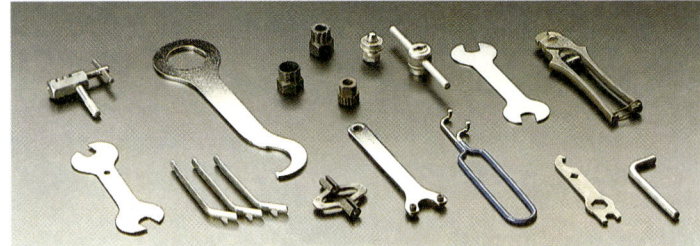

Abb. 2

für einen Schraubenschlüssel! Nützlich sind eine Wasserpumpenzange (»Wapu«) sowie Spitzzange und Seitenschneiderzange.

Feilen und Drahtbürsten. Gelegentlich werden Sie eine kleine Flach- oder Rundfeile benötigen, um beschädigte oder zu große Teile nachzuarbeiten. Mit Feilen und Drahtbürste können auch Schraubverbindungen und andere stark angerostete Teile gesäubert werden.

Meßwerkzeuge. ❹ Um sicherzugehen, daß Teile in der richtigen Größe gekauft und montiert werden, ist eine Schieblehre unentbehrlich. Lassen Sie sich im Werkzeuggeschäft erklären, wie mit diesem Werkzeug, Längen, Breiten, Stärken, Tiefen und Aussparungen bis auf 0,1 mm Genauigkeit gemessen werden. Zusätzlich ist ein einfaches Rollmaß erforderlich.

Reinigungswerkzeuge. Ein paar kleine Bürsten und Pinsel sowie einige Putzlappen und Stahlwolle oder ein Topfreiniger genügen schon.

Schmier-, Schutz- und Reinigungsmittel. Kugellagerfett, Mineralöl (z.B. SAE 30 Motoröl), Spezial-Kettenschmiermittel und ein dünnes Öl in der Sprühdose zum Schmieren, das Sie neben Vaseline und Lackschutzwachs auch zum Schützen der blanken Metallteile des Fahrrads gebrauchen. Zum Reinigen, neben Wasser und Seife, auch Terpentin oder Petroleum. Mischen Sie diesen Flüssigkeiten bis zu 5 % Mineralöl bei, damit das Entstehen von Rost nach dem Reinigen vermieden wird. Für Chrom- und Aluminiumteile brauchen Sie ein Metallputzmittel.

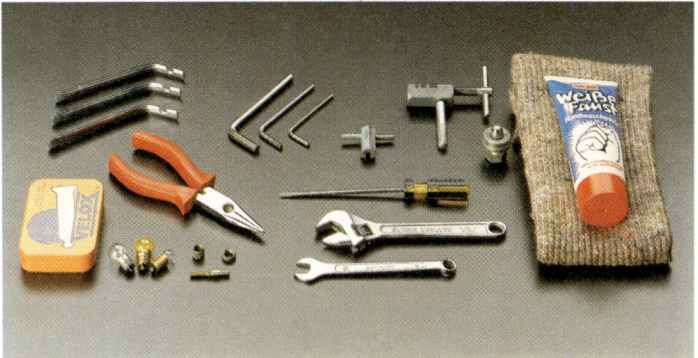

Abb. 3

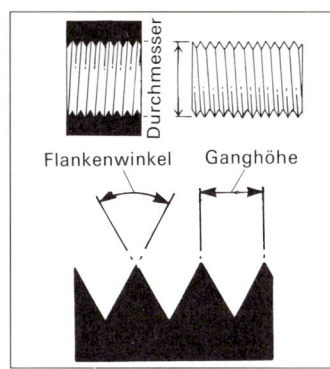

Abb. 6

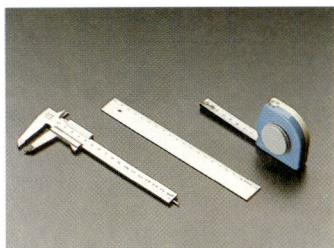

Abb. 4

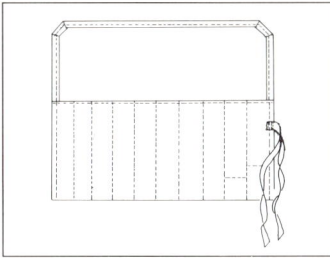

Abb. 5

nicht, sie blindlings zu befolgen. Sie müssen selbst immer ein wenig mitdenken. Keine Anleitung kann allen möglichen abweichenden Einzelheiten des einen oder anderen Fahrrads Rechnung tragen. Vergegenwärtigen Sie sich zuerst des Problems und wie die allgemeine Beschreibung, falls nötig, spezifiziert werden muß.

Werkzeug für unterwegs ❹

Was Sie auf einer Fahrradtour an Werkzeug mitführen, müssen Sie selbst entscheiden. Auf meine täglichen Fahrten nehme ich nur das Notwendigste mit: Luftpumpe, Flickzeug, Reifenheber usw., kleiner Schraubendreher, kleiner Rollgabelschlüssel, Putzlappen, Handreinigungspaste, Reservebirnchen ❸.

Für eine längere Tour in fremdem Gelände muß man aber auf vieles vorbereitet sein. Nehmen Sie sich die Zeit zu überlegen, welche Werkzeuge in welchen Größen und welche Reserveteile für Ihr Fahrrad möglicherweise benötigt werden könnten. Nehmen Sie dann nur diese mit.

Suchen Sie sich dann dieses erforderliche Werkzeug zusammen und legen Sie es sortiert vor sich. Sie können es einfach in einen Lappen wickeln oder in

eine Hülle aus festem Stoff. Die Abbildung ❺ zeigt, wie so eine Hülle aussehen kann. Die Werkzeuge müssen so viel Platz haben, daß die Hülle sich leicht aufrollen läßt.

Lassen Sie ein paar Positionen frei für eventuelle spätere Ergänzungen. Die Pumpe und größere Reserveteile bringen Sie an anderen Stellen am Rad unter.

Grundlagen der Wartung

Dieser Abschnitt will Grundkenntnisse in der Wartung des Fahrrads vermitteln. Wie ausführlich die Anleitungen dazu auch sein mögen, es genügt

Verschraubte Verbindungen

Manche Teile des Fahrrads sowie der einzelnen Komponenten und Zubehörteile sind verschraubt. Schraubverbindungen ❻ bestehen aus einem runden Schaft mit Außengewinde und einem hohlen Teil mit Innengewinde. Jedes dieser Gewinde ist eine spiralförmige Rille mit dreieckigem Querschnitt. Die Maße von Innen- und Außengewinde sind jeweils aufeinander abgestimmt, so daß die Teile sich leicht ein- und ausschrauben lassen (vorausgesetzt, die Gewindeteile sind nicht stark verschmutzt, angerostet oder beschädigt).

Sobald die Teile bis zum Ende eingeschraubt sind, werden die

Flanken von Innen- und Außengewinde fest angedrückt, wodurch ein hoher Widerstand (und eine große Verbindungsfestigkeit, um die es schließlich geht) entsteht. Eine Unterlegscheibe, die unter die Mutter bzw. den Schrauben- oder Bolzenkopf gelegt wird, verhindert, daß dort ein übermäßig großer Widerstand entsteht, der das ausreichende Festziehen der Verbindung erschweren würde. Manche verschraubten Fahrradteile haben Spezialgewinde. Sie werden folgendermaßen gekennzeichnet:

Nomineller Durchmesser, d.h. der des Außengewindes (der Innendurchmesser des entsprechenden Innengewindes ist geringer), entweder in mm oder in Zoll angegeben.

Ganghöhe, d.h. die »Dichte« des Gewindes oder die Entfernung zweier nebeneinanderliegender Rillen des Gewindes im Querschnitt, entweder in mm ausgedrückt oder mit Angabe der Rillenzahl pro Zoll Gewindelänge (bezeichnet als TPI- »Threads per Inch« oder Gänge pro Zoll).

Flankenwinkel. Zu unterscheiden sind Gewinde mit dem üblichen 60°-Winkel und die nach der Whitworth Fine Norm hergestellten und mit einem F gekennzeichneten Gewinde mit 55° Flankenwinkel.

Gewinderichtung ❶, entweder ein normales Rechtsgewinde (Festschrauben nach rechts, Lockern nach links) oder Linksgewinde (Festschrauben nach links, Lockern nach rechts; z.B. linkes Pedal des Fahrrads).

Nur wenige Hersteller kennzeichnen die Teile eindeutig nach diesen Angaben. Deshalb werden Sie häufig feststellen, daß Teile geliefert werden, die

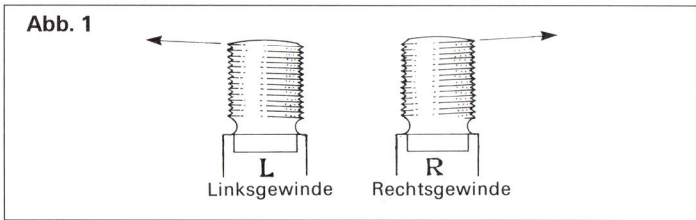

Abb. 1

Linksgewinde   Rechtsgewinde

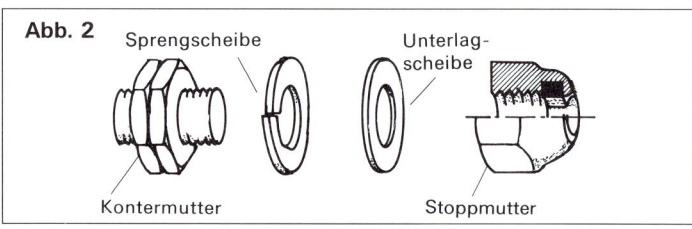

Abb. 2

Sprengscheibe   Unterlagscheibe

Kontermutter   Stoppmutter

nicht passen. Vermeiden Sie das, indem Sie immer sowohl das zu ersetzende Teil als auch ein passendes Gegenstück ins Fahrradgeschäft mitnehmen und zuerst ausprobieren, ob Neu und Alt richtig zusammenpassen. In der Tabelle 3 im Anhang finden Sie eine Übersicht über die verschiedenen Gewindetypen für Fahrradteile.

Beide Gewindeteile müssen einwandfrei sauber, unbeschädigt und frei von Korrosion sein. Entfernen Sie Schmutz und Korrosion mit einer feinen Drahtbürste und schmieren Sie das Gewinde mit etwas säurefreier Vaseline, Öl oder Schmierfett.

Beim Ein- und Ausschrauben wird das eine Gewindeteil gegengehalten, während das andere ein- bzw. ausgedreht wird. Benutzen Sie dazu nie eine Zange, sondern nur das passende Werkzeug.

Mit der Hebelwirkung eines Schraubenschlüssels kann viel mehr Kraft ausgeübt werden als mit dem Schraubendreher (oder mit einem falsch, d.h. nicht seitlich ausragend ge-

haltenen Schraubenschlüssel). Nutzen Sie bei Teilen, die direkt an den Fahrradrahmen verschraubt werden, die Hebelwirkung des Fahrradrahmens. Bei anderen Teilen drehen Sie möglichst das mit dem größeren Hebelarm des Schraubenschlüssels gehaltene Gewindeteil, während der Schraubendreher (oder das kürzere Werkzeug) nur zum Gegenhalten benutzt wird. Das gilt nur, wenn es darum geht, Kraft auszuüben, also beim endgültigen Festziehen.

Es gibt mehrere Möglichkeiten, eine geschraubte Verbindung gegen unbeabsichtigtes Lockern zu sichern: Sicherungsscheiben, Stoppmutter und Kontermutter ❷. Wo der Hersteller so eine Sicherung benutzt hat, ist sie bei einer Reparatur wieder zu installieren oder zu erneuern. Teile, die sich unversehens lockern, können Sie auch selbst auf ähnliche Weise sichern.

Eine Sicherungsscheibe, die unter die Mutter gelegt wird, ist eine besonders geformte Scheibe aus Federstahl. Sie

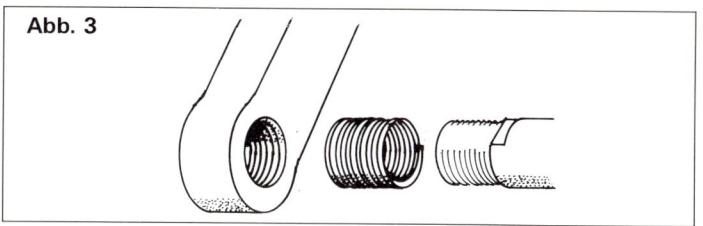

Abb. 3

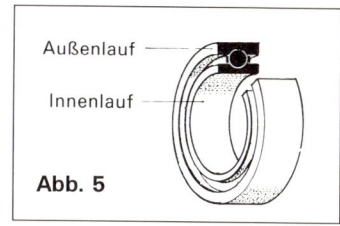

Außenlauf
Innenlauf

Abb. 5

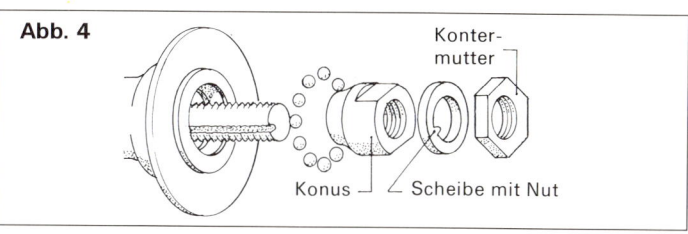

Abb. 4

Konter-
mutter

Konus — Scheibe mit Nut

wird unter Druck der Mutter zusammengedrückt und sichert den Kontakt, auch wenn die Mutter sich sonst etwa infolge von Vibrationen lockern würde. Vergessen Sie auch nicht, unter jede Mutter, jede Schraube und jeden Bolzen eine normale Unterlegscheibe zu legen!

Sehr wirkungsvoll ist auch eine Stoppmutter, die einen verformbaren Einsatz aus festem Kunststoff hat. Insbesondere auf Bremsbefestigungen sowie bei den Befestigungen von Kleinteilen empfiehlt es sich, einfache Muttern durch Stoppmuttern zu ersetzen.

Eine Kontermutter ist eine zweite Mutter, die über die Hauptmutter aufgeschraubt wird. Wenn beide gegeneinander festgeschraubt werden, entsteht eine sehr feste Verbindung. Trotzdem muß auch sie gelegentlich nachgeprüft und festgezogen werden. Falls das mit diesen Muttern gehaltene Teil einigermaßen drehbar bleiben muß, soll die erste Mutter nur mäßig angezogen, dafür aber sehr fest gegen die Kontermutter gesperrt werden.

Ersetzen Sie geschraubte Verbindungen, die sich immer wieder lockern, und solche, die sich nicht richtig festziehen lassen. Versuchen Sie zuerst, das Problem mit einer neuen Mutter oder Schraube zu beheben. Wenn das nicht geht, müssen beide Teile ersetzt werden. Als Notbehelf kann man manchmal eine zweite Mutter darüberschrauben, bis beide Teile ersetzt werden können. Falls sich das beschädigte Innengewinde direkt in einem größeren Fahrradteil befindet, kann die Schraube mitunter durch eine längere ersetzt werden, die dann mit einer zusätzlichen Mutter gegengehalten wird. Andernfalls kann dort das Loch ausgebohrt und ein Spiral-Gewindeeinsatz (»Helicoil«) installiert werden ❸.

Kugellager

Praktisch alle drehbaren Teile des Fahrrads sind mit Kugellagern ausgestattet, deren Wartung von großer Bedeutung ist. Obwohl die Anleitungen dazu

in die einzelnen Kapitel aufgenommen sind, ist das hier behandelte Grundwissen Voraussetzung für solche Arbeiten. Beim Fahrrad werden zwei Kugellagertypen verwendet. Am häufigsten ist das einstellbare Modell ❹, während einige Tretlager, Pedale und Naben heute auch mit nichteinstellbaren sog. Rillenkugellagern ❺ geliefert werden. Die gängigen einstellbaren Kugellager müssen gewartet werden, wenn das entsprechende Teil sich schwer drehen läßt, zu locker ist oder unschöne Geräusche von sich gibt. Rillen-Kugellager müssen in solchen Fällen (die wegen der besseren Verarbeitung und des besseren Schutzes gegen Schmutz und Feuchtigkeit seltener auftreten) ausgewechselt werden. Das ist aber eine Arbeit, für die Spezialwerkzeuge und besondere Kenntnisse erforderlich sind: überlassen Sie das dem Fahrrad-Mechaniker.

Abbildung ❹ zeigt, wie das einstellbare Kugellager aufgebaut ist und wie die einzelnen Teile heißen. Der Zwischenraum, in dem die Kügelchen liegen, wird mit Kugellagerfett gefüllt; die Kügelchen dürfen nicht zu eng aneinander liegen. Ist dies der Fall, entfernen Sie einfach eine Kugel. Sind sie in einem Kugelring gefaßt ❶ (auf Seite 14), muß dieser so installiert werden, daß nur die

Abb. 1

Abb. 2

Abb. 3

Kügelchen, nicht das Metall des Kugelrings Konus und Lagerschale berühren. Ich empfehle, den Kugelring durch lose Kügelchen der entsprechenden Größe zu ersetzen (siehe Tabelle 2 im Anhang).

Falls das Lager zu locker ist, muß das einstellbare Teil (meistens der Konus, bei manchen Tretlagern jedoch die Lagerschale) weiter eingeschraubt werden. Dazu wird zuerst die Kontermutter gelockert. Die genutete Scheibe, die das Mitdrehen des Konus verhindern soll, wird angehoben. Dann kann man den Konus durch Ein- oder Ausschrauben einstellen ❷. Schließlich wird die Kontermutter wieder aufgeschraubt, dabei darf sich der Konus nicht mitdrehen.

Zum Überholen werden sämtliche Teile des Kugellagers demontiert, gereinigt und gefettet. Ersetzen Sie Teile, die beschädigt oder korrodiert sind. Es empfiehlt sich immer, die alten Kügelchen gegen neue auszutauschen, denn manchmal ist ihnen Verschleiß mit dem bloßen Auge nicht anzusehen. Beim Montieren den Hohlraum zwischen Konus und Lagerschale mit Kugellagerfett ausfüllen und die Kügelchen hineindrücken! Nach dem Montie-

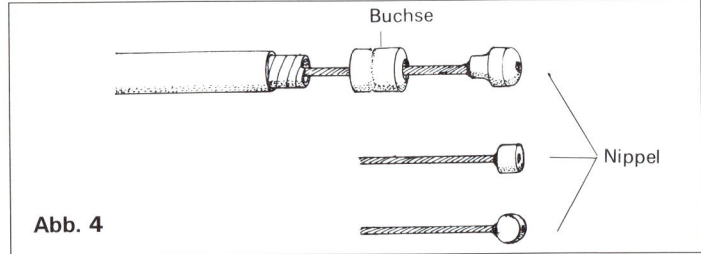

Buchse

Nippel

Abb. 4

ren wieder so einstellen, daß das Lager frei, jedoch ohne Spiel drehen kann.

Brems- und Schaltzüge

Bowdenzüge dienen der Bedienung von Bremsen und Gangschaltung. Sie bestehen jeweils aus einem biegsamen Seil aus geflochtenen Stahldrähten, das die Zugkräfte von Brems- und Schalthebel aufnimmt. Diese Kräfte werden normalerweise durch eine biegsame Außenspirale aus Stahl mit einer Kunststoffhülle gegengehalten. Das Seil kann jedoch auch ganz oder streckenweise über Führungen am Rahmen verlaufen.

Das Seil hat an dem einen, im Bedienungshebel liegenden Ende einen Nippel ❹. Das freie

Ende wird an der Bremse oder am Umwerfer eingeklemmt ❺ und mit der Seitenschneiderzange (oder mit einem im Fahrrad-Fachgeschäft erhältlichen Spezialwerkzeug) auf etwa 2 bis 3 cm abgetrennt ❸. Bevor das Seil in die Außenspirale gesteckt bzw. über die Führungen gelegt wird, sollten Sie es über die ganze Länge mit einem in Vaseline getränkten Lappen einreiben.

Es gibt verschiedene Seilstärken und unterschiedliche Nippeltypen. Passen Sie deshalb beim Ersetzen auf, daß Sie das jeweils richtige Seil erhalten. Ich empfehle, wenigstens einen von jedem benötigten Seiltyp sowie eine Rolle Außenspirale vorrätig zu haben. Auf einer längeren Tour sollte man wenigstens ein Bremsseil mitnehmen. Ersetzen Sie das Seil, wenn es ausgefranst ist, insbesondere wenn sich die ge-

Abb. 5

Abb. 6

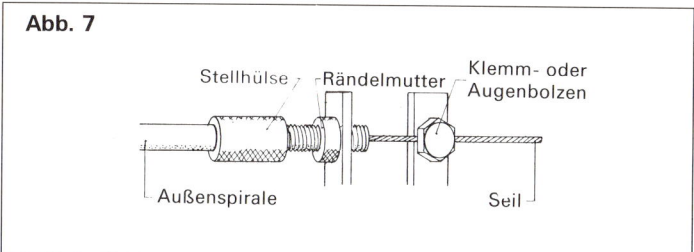

Abb. 7

Stellhülse   Rändelmutter   Klemm- oder Augenbolzen

Außenspirale   Seil

wieder nachgestellt werden. Gehen Sie ähnlich vor, wenn überhaupt keine Stellhülse vorhanden ist (z.B. bei manchen Umwerfern der Kettenschaltung).

Löten

Seilenden sowie Litzen elektrischer Verbindungen können durch Zusammenlöten gesichert werden. Seilenden werden über ca. 2–4 cm am einzuklemmenden Ende verlötet. Verlöten Sie elektrische Leitungen nur, wenn sie unter einer Federklemme gehalten werden. Um sie unter einer Schraubklemme zu halten, ist eine um die Litze geklemmte Öse anzubringen.

brochenen Strähnen zwischen Spiralende und Seileinklemmung oder Nippel befinden. Lesen Sie auch unter dem Stichwort Löten die Beschreibung einer wirksamen Methode, diesem Ausfransen vorzubeugen. Führung und Länge der Außenspirale (oder ihrer Teilstücke) werden so gewählt, daß sie möglichst direkt verläuft und ohne scharf geknickt werden zu müssen. Diese Führung muß auch noch stimmen, wenn der Lenker voll eingeschlagen oder die Bremse betätigt ist. Die Spirale wird im Fahrradgeschäft als Meterware verkauft und ebenfalls mit dem Seitenschneider auf die richtige Länge abgetrennt. Dabei muß man aufpassen, daß kein nach innen gerichteter Haken entsteht, der den freien (Ver-)Lauf des Seils behindern würde. Am Ende muß die Kunststoffhülle etwa 6 mm zurückgeschnitten wer-

den, damit eine Buchse über die Spirale und in das Führungsseil am Fahrrad paßt.
Das Einstellen von Bremsen und Schaltung ❻ ❺ geschieht auch durch das Nachstellen der Seilspannung. Dazu gibt es meistens eine Nachstellvorrichtung ❼. Um die Bremse oder die Schaltung straffer zu stellen, wird die Seilspannung erhöht. Dazu wird an der Nachstellvorrichtung zuerst die Rändelmutter nach links gelockert, während man die Stellhülse gegenhält. Dann wird die Stellhülse weiter herausgeschraubt und schließlich in der neuen Position gehalten, während man die Rändelmutter nach rechts festschraubt.
Falls mit der Stellhülse kein weiteres Einstellen mehr möglich ist, wird sie erst ganz eingeschraubt; danach wird das Seil etwa kürzer eingeklemmt ❻. Jetzt kann mit der Stellhülse

Zum Löten brauchen Sie einen elektrischen Lötkolben mit einer Leistung von mindestens 60 Watt sowie Rosin-Lötzinn und Schmirgelpapier.

Vorgang:
1. Feststellen, wo genau die einzuklemmende Stelle ist, jedoch noch nicht abtrennen.
2. Die zu lötende Stelle abschmirgeln und trocken abwischen.
3. Die Stelle mit der Spitze des Lötkolbens erhitzen. Erst wenn sie heiß ist, das Ende des Lötzinns an die Spitze des Lötkolbens führen und hineinfließen lassen. Nicht zu viel Lötzinn benutzen: es darf keine Tropfen oder Klümpchen bilden. Abkühlen lassen, bis das Zinn erstarrt ist (die Oberfläche wird plötzlich matt).
4. Auf die gewünschte Länge abtrennen und anschließend Unebenheiten abschmirgeln.

Vorbeugende Wartung

In diesem Abschnitt wird gezeigt, wie Sie durch regelmäßige Inspektionen und einfache Wartungsarbeiten späteren Reparaturen vorbeugen können. Es genügt nicht, nur festzustellen, ob alles noch einigermaßen funktioniert. Zur Fahrradpflege gehört auch das Reinigen, Schmieren und Einstellen. Ich empfehle, das Rad nach einem bestimmten Schema wöchentlich, monatlich und halbjährlich zu prüfen und zu warten. Wie die einzelnen Arbeiten durchgeführt werden, finden Sie in den entsprechenden Abschnitten dieses Buches. Hier folgt lediglich die Auflistung der regelmäßig erforderlichen Inspektionen.

Wöchentliche Inspektion

Handbremsen:
a) Halten Sie das Fahrrad mit beiden Händen am Lenker. Ziehen Sie den Griff der Vorderbremse ❶ und versuchen Sie gleichzeitig, das Fahrrad unter kräftigem Druck vorwärts zu schieben. Die Bremse muß das Laufrad bereits blockieren, wenn noch ein 2 cm großer Zwischenraum zum Lenker verbleibt.
b) Die hintere Handbremse (falls vorhanden) auf die gleiche Weise prüfen, wobei mit einer Hand kräftig auf den Sattel gedrückt und dabei das Rad geschoben wird.
c) Falls erforderlich, nach der Anleitung auf Seite 67 einstellen.

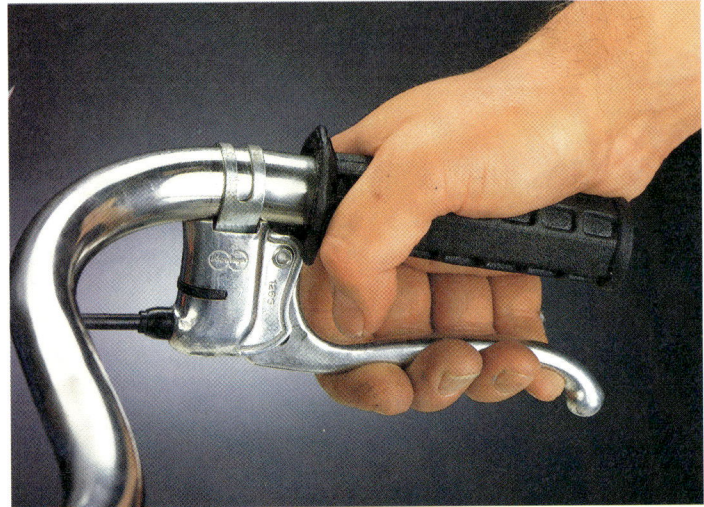

Abb. 1

Reifendruck:
a) Beide Reifen müssen <u>fest</u> aufgepumpt sein und die Ventile festsitzen.
b) Falls erforderlich, aufpumpen oder reparieren nach der Anleitung auf Seite 52. Am besten nehmen Sie immer Pumpe und Flickzeug mit.

Laufräder:
a) Heben Sie zuerst das eine, dann das andere Laufrad hoch und drehen Sie es. Das Rad muß frei drehen und nach einigem Pendeln mit dem Ventil nach unten zur Ruhe kommen.
b) Greifen Sie das Rad oben bei der Gabel oder den Hinterstreben und üben Sie abwechselnd in beiden Richtungen Druck aus. Das Rad darf dabei nicht hin- und herschlackern.
c) Falls erforderlich, nach Anleitungen Seite 58 korrigieren.

Lenker und Sattel:
a) Prüfen Sie, ob der Lenker auf die für Sie richtige Höhe eingestellt, ausgerichtet und festgezogen ist. Das gleiche gilt für den Sattel.

b) Falls erforderlich, anhand der Anleitungen auf den Seiten 26 und 31 korrigieren.

Gangschaltung:
a) Stellen Sie fest, ob der Schalthebel (bei der Kettenschaltung gegebenenfalls beide Hebel) in der richtigen Position festsitzt und sich gut verstellen läßt.
b) Heben Sie das Hinterrad hoch und prüfen Sie, ob sämtliche Gänge eingelegt werden können, indem Sie den Hebel verstellen, während die Tretkurbeln gedreht werden.
c) Falls erforderlich, nach den Anleitungen auf den Seiten 79 und 83 einstellen.

Beleuchtung:
a) Betätigen Sie den Dynamo und drehen Sie das Laufrad mit Schwung, so daß Sie feststellen können, ob Scheinwerfer und Rücklicht aufleuchten. Dazu halten Sie das Rad mit der zu prüfenden Lampe dicht auf eine helle Wand gerichtet, damit Sie den Schein auf der Wand sehen.

b) Stellen Sie fest, ob der Scheinwerfer richtig eingestellt ist, d.h. gerade steht und der Lichtstrahl ca. 10 m vor das Rad auf die Straße leuchtet.
c) Falls erforderlich, anhand der Anleitung auf Seite 97 korrigieren.

Klingel:
a) Betätigen und feststellen, ob sie hell tönt, fest angebracht und leicht erreichbar ist.
b) Falls erforderlich, anhand der Anleitung auf Seite 103 korrigieren.

Sichtprüfung:
a) Stellen Sie fest, ob sonst noch etwas nicht in Ordnung ist oder Teile fehlen oder locker sitzen. Falls erforderlich festziehen, einstellen oder ersetzen.

Monatliche Inspektion

A) PRÜFEN:

Allgemeines:
Prüfen Sie, ob alle Teile und Schraubverbindungen richtig befestigt sind. Ziehen Sie dann die Schraubverbindungen nach und ersetzen Sie alle fehlenden oder schwer beschädigten Teile.

Kugellager:
Prüfen Sie, ob die Lager aller beweglichen Teile (Laufräder, Tretlager, Pedale, Lenkung, Gangschaltung) frei, ohne Spiel, Widerstand oder Geräusch funktionieren. Falls erforderlich, anhand der Anleitungen in den entsprechenden Kapiteln einstellen, schmieren oder überholen.

Brems- und Schaltzüge:
Prüfen Sie, ob die Bowdenzüge für Bremsen und Gangschaltung frei beweglich und richtig eingestellt sind. Falls erforderlich, anhand der Anleitung auf Seite 14 oder in den entsprechenden Kapiteln für Schaltung und Bremsen korrigieren, schmieren, einstellen oder ersetzen.

Reifen:
Hängen Sie das Fahrrad auf oder kehren Sie es um und prüfen Sie sorgfältig, ob die Reifen rundum in einwandfreiem Zustand sind. Eventuell eingefahrene Glassplitter, Metallteilchen oder Steinchen entfernen. Größere Beschädigungen nach den Anleitungen auf den Seiten 52–55 reparieren. Falls erforderlich, Schlauch, Ventil oder Decke ersetzen.

Laufräder:
Drehen Sie die Laufräder langsam und beobachten Sie dabei, ob die Felge gleichmäßig läuft. Ist das nicht der Fall, muß das Laufrad nach der Beschreibung auf den Seiten 59-61 gerichtet werden.

Spuren der Räder:
Prüfen Sie, ob die Laufräder »spuren«. Stellen Sie sich dabei hinter das Rad und beobachten Sie, ob beide Laufräder genau in eine Flucht hintereinander gebracht werden können. Trifft dies nicht zu, ist entweder die Gabel oder der Rahmen verzogen, oder aber eines der Laufräder ist nicht zentriert. In den entsprechenden Kapiteln finden Sie Anleitungen zur Feststellung und Behebung solcher Schäden.

Felgenbremsen:
Prüfen Sie zusätzlich zu dem im Abschnitt »Wöchentliche Inspektion« beschriebenen Test, ob die Bremsgummis der Felgenbremsen wenigstens 3 mm aus den Bremsgummihaltern herausragen und genau über ihre ganze Länge und Breite flach auf der Felge aufliegen. Falls erforderlich, nach den Beschreibungen auf den Seiten 71–72 korrigieren.

Kette:
Prüfen Sie den Zustand der Kette. Falls sie quietscht oder verschmutzt ist, muß sie anhand der Anleitung auf den Seiten 48-49 entfernt, gereinigt und geschmiert werden. Prüfen Sie auch, ob die Kette eines Rades ohne Kettenschaltung nicht zu locker oder zu fest ist: man muß sie in der Mitte etwa 2 cm auf und ab bewegen können.

Gangschaltung:
Außer dem bereits beschriebenen Einstellen sind sämtliche Teile der Gangschaltung und ihrer Bedienung zu reinigen und mit leichtem Öl zu schmieren.

Beleuchtung:
Zusätzlich zur Funktionsprüfung bei der wöchentlichen Inspektion ist zu prüfen, ob der Dynamo nach den Anleitungen auf den Seiten 96-100 eingestellt ist und ob sämtliche Verbindungen in Ordnung sind.

B) SCHMIEREN:

Befolgen Sie die Anleitungen auf Seite 19 für alle beweglichen Teile des Fahrrads.

Halbjährliche Inspektion

Falls Sie das Rad ganzjährig benutzen, empfiehlt es sich, jeweils im Herbst und Frühling eine noch gründlichere Inspektion durchzuführen. Falls das Rad nur im Sommer benutzt wird, ist das nur am Ende der Saison nötig. Am Beginn der nächsten Saison genügt dann eine monatliche Inspektion.
Bei der halbjährlichen Inspektion stehen neben den Arbeiten für die wöchentlichen und monatlichen Kontrollen noch folgende Arbeiten an:

1. Kette entfernen, reinigen, schmieren und wieder installieren oder nötigenfalls ersetzen.
2. Brems- und Schaltzüge entfernen und kontrollieren, schmieren und gegebenenfalls ersetzen.
3. Sämtliche Lager nachstellen und schmieren bzw. überholen.
4. Blanke Metallteile mit Vaseline oder Chromschutz behandeln.
5. Fehlende, nicht richtig funktionierende oder abgenutzte Teile ersetzen.
6. Das ganze Rad gründlich reinigen und schmieren.
7. Eventuelle Lackschäden nach der Beschreibung auf Seite 21 ausbessern.

Reinigen:
Gehen Sie bei der Reinigung des Rads möglichst systematisch vor:

1. Entfernen Sie erst den losen Schmutz und Staub mit einem Lappen, einem Pinsel oder einer Bürste.
2. Wischen Sie den hartnäckigen Schmutz mit einem

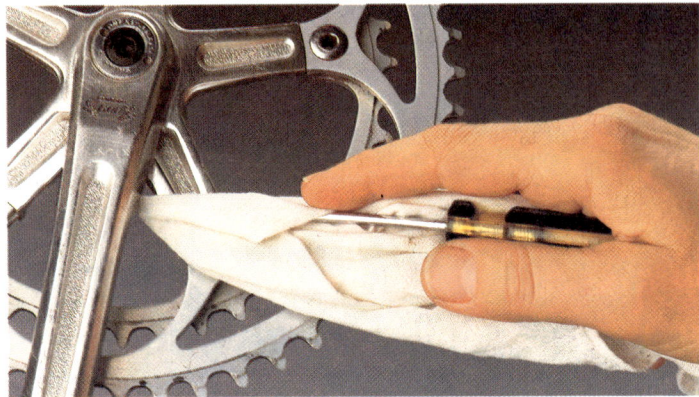

Abb. 1

feuchten Lappen ab. Falls erforderlich, mit viel Wasser und einem Lappen abspülen und anschließend gleich wieder trocknen. Vermeiden Sie, daß Wasser in die Lager der Laufräder, Tretkurbeln, Pedale und des Steuersatzes eindringt.
3. Öliger Schmutz und Schmiere können mit einer Mischung aus Lösemittel (z.B. Petroleum oder Terpentin) und ca. 5 % Öl entfernt werden. Auch hier sollten Sie vermeiden, daß diese Mischung (die das erforderliche Schmiermittel wegspülen könnte) in die Lager eindringt.
4. Entfernen Sie auch den Schmutz in versteckten Winkeln ❶ wie z.B. zwischen den Kettenrädern ❷, an den Schaltungsteilen und bei den Bremsen.
5. Tragen Sie mit einem reinen Lappen auf alle blanken Metallteile Vaseline dünn auf. Anschließend mit einem trockenen Lappen Vaseline, Öl und Schmiere überall dort entfernen, wo das Rad angefaßt wird oder mit der Kleidung in Berührung kommt.

6. Drehen Sie das Rad um und prüfen Sie es auch aus diesem Blickwinkel.

Schmieren:
Abbildung ❸ zeigt, an welchen Stellen das Fahrrad regelmäßig geschmiert werden muß. Entfernen Sie stets vor dem Schmieren etwaigen Schmutz. Wählen Sie folgende Schmiermittel und Arbeitsweisen für die einzelnen Teile:

Kette:
Monatlich mit speziellem Kettenschmiermittel aus der Sprühdose behandeln. Zuerst jedoch die Kette reinigen (siehe Anleitung Seite 48-49). Anschließend das überschüssige Schmiermittel abwischen.

Brems- und Schaltzüge:
Monatlich mit der Sprühdose an den Punkten schmieren, wo das Seil geführt wird oder wo es in die Außenspirale eintritt. Anschließend überschüssiges Schmiermittel entfernen. Falls der Zug entfernt oder ersetzt wurde, das Seil z.B. mit Vaseline einreiben, bevor es in die Außenspirale gelegt wird.

Abb. 2

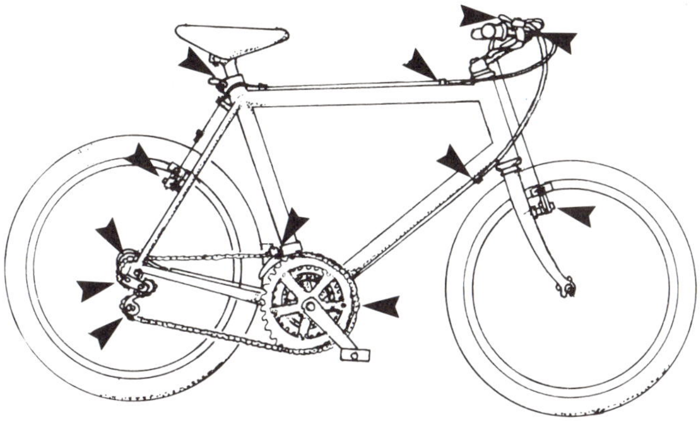

Bremsnaben:
Einmal jährlich wie Kugellager (Trommelbremse und Rücktrittsbremse ohne Schmiernippel) oder wie Gangschaltungsnabe (Rücktritt mit Schmiernippel) schmieren.

Kugellager:
Einmal jährlich Lager ausbauen, reinigen und mit Kugellagerfett füllen.

Abb. 3

Kettenschaltungteile und Bedienung der Nabenschaltung:
Monatlich nach sorgfältiger Reinigung mit der Sprühdose schmieren. Zielen Sie dabei auf die Drehpunkte und Einstellvorrichtungen sowie auf die Kettenrädchen des Schaltsegments. Anschließend überschüssiges Schmiermittel abwischen.

Gangschaltungsnabe:
Einmal monatlich ca. 10 Tropfen Mineralöl (z.B. SAE 30) in den Schmiernippel eingeben. Naben ohne Schmiernippel brauchen nicht geschmiert zu werden.

Felgenbremsen:
Jeden Monat nach sorgfältiger Reinigung mit der Sprühdose nur an den Drehpunkten von Griffen und Bremszangen sowie an Bedienungs- und Übertragungsmechanismen leicht schmieren. Überschüssiges Schmiermittel entfernen.

Der Rahmen,
die Lenkung und der Sattel

Der Rahmen ist das Rückgrat des Fahrrads, an dem
die Lenkvorrichtung, der Sattel und die übrigen Teile
montiert sind. In diesem Kapitel werden die
Wartungsarbeiten an Rahmen, Lenkung und Sattel
behandelt. Der Rahmen selbst erfordert nur selten Pflege,
während die richtige Einstellung und Wartung der
Lenkvorrichtung und des Sattels von wesentlicher
Bedeutung für die Sicherheit und die Bequemlichkeit des
Radfahrens sind.

Der Rahmen

Lackierung ausbessern

Hierzu muß das Rad zuerst gründlich gereinigt und trocken sein. Anmontierte Teile im nachzubessernden Bereich sind zu entfernen. Anschließend auch die so freigelegten Stellen reinigen und trocknen.

Erforderlich sind:
● Putzlappen
● Schmirgelpapier oder Stahlwolle
● kleiner Pinsel
● Metallack in der entsprechenden Tönung (als Ausbesserungslack vom Hersteller des Fahrrads zu beziehen; ggf. sowohl Grundierung als auch Glanzlack).

Arbeitsgang:
1. Beschädigte und angerostete Stellen abschmirgeln, bis das Metall glänzt ❶.

2. Staub trocken entfernen, die Stelle mit Terpentin reinigen und trocknen.
3. Lack gründlich umrühren und mit der Pinselspitze nur dort auftragen, wo er entfernt wurde (d.h. möglichst ohne auf intakte Lackierung zu »überlappen«) ❷.
4. Überschuß oder Tropfen entfernen. Lackdose gut verschließen und umgekehrt aufgestellt aufbewahren. Pinsel gründlich mit

Terpentin reinigen und mit den Borsten nach oben aufbewahren. Lackierung 24 Stunden trocknen lassen.
5. Falls zunächst nur grundiert wurde oder eine zweite Lackschicht erforderlich ist, zuerst die erste Schicht leicht mit Stahlwolle oder feinem Schmirgelpapier behandeln. Anschließend die Schritte 2, 3 und 4 wiederholen.

Abb. 1

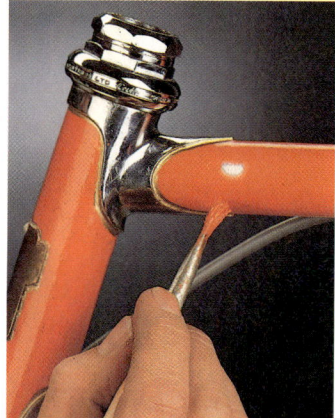

Abb. 2

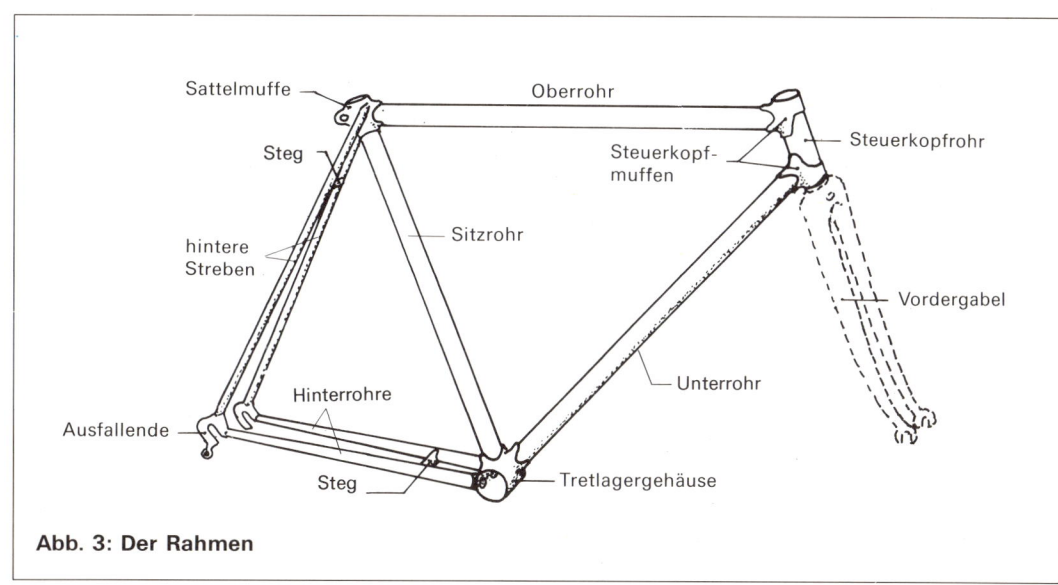

Abb. 3: Der Rahmen

Rahmeninspektion

Diese Inspektion ist erforderlich nach einem Sturz oder Zusammenstoß. Häufig ist jedoch nicht der Rahmen selbst, sondern lediglich die Vordergabel beschädigt; ihre Inspektion wird auf Seite 29 f. behandelt.

Erforderlich sind:
● ca. 3 m langes, dünnes Seil (z.B. Bindfaden)
● Lineal mit Millimetereinteilung
● ca. 60 cm langes Metall-Lineal

Arbeitsgang:
1. Prüfen Sie die in Abbildung ❶ mit Pfeilen markierten Stellen nach Rissen, augenfälligen Verwindungen, Beulen und Dellen ❷. Überlassen Sie es bei gravierenden Schäden dem Fahrradfachmann zu entscheiden, ob der Rahmen noch zuverlässig ist.
2. Hinterrad ausbauen (Beschreibung auf Seite 56 f.) und störendes Zubehör entfernen.
3. Legen Sie das Seil nach Abbildung ❹ um den Rahmen, wobei die Seilenden fest angezogen werden. Messen und vergleichen Sie den Abstand zwischen Seil und Sitzrohr bzw. Seil und Unterrohr auf beiden Seiten ❸. Falls sich die beidseitigen Messungen an einer dieser Stellen um mehr als 1,5 mm unterscheiden, ist der Rahmen verzogen. Überlassen Sie das Richten (sowie die Entscheidung,

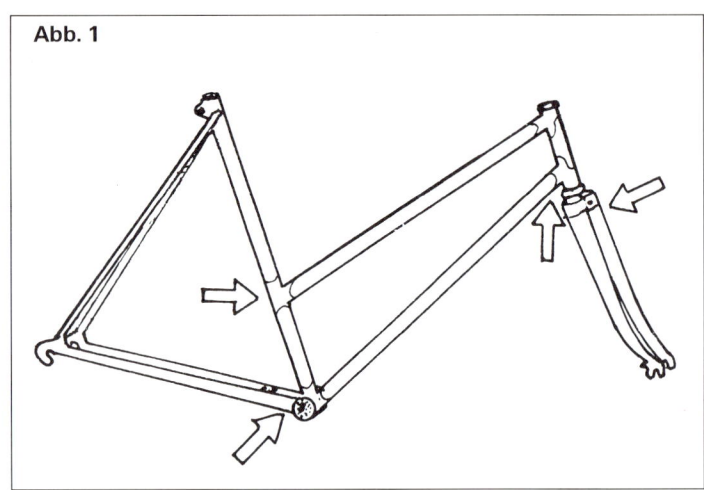

Abb. 1

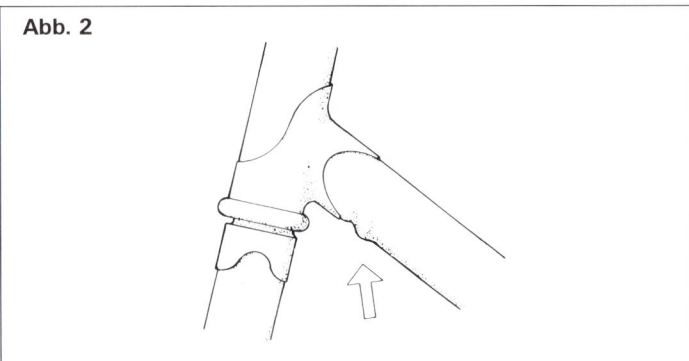

Abb. 2

Abb. 3

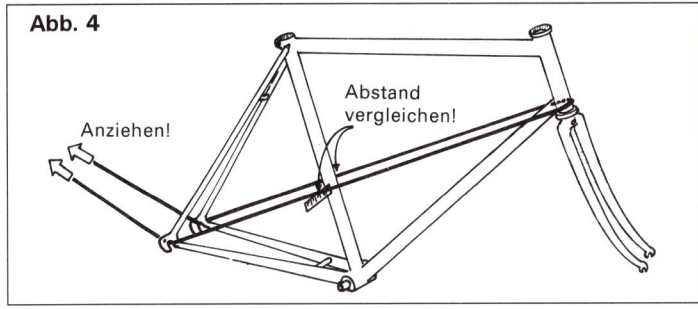

Abb. 4

Anziehen!

Abstand
vergleichen!

Abb. 5

Lenkerbügel

Expanderbolzen

Lenkerschaft

einstellbares
Steuerkopflager

unteres
Steuerkopflager

Vordergabel

ob Richten überhaupt möglich ist) dem Fachmann.

4. Um festzustellen, ob die Ausfallenden gerade sind (auch erforderlich, falls die Kettenschaltung sich nicht richtig schalten läßt), legen Sie das lange Metall-Lineal nach Abbildung ❻ jeweils flach auf das Ausfallende und vergleichen den Abstand links und rechts zum Sitzrohr sowie den Abstand zwischen den Außenseiten der Ausfallenden selbst. Falls die beidseitigen Messungen sich um mehr als 1,5 mm unterscheiden oder die Summe dieser Abstände und des Sitzrohrdurchmessers sich von dem Abstand zwischen den Ausfallenden unterscheidet, müssen die Ausfallenden vom Fachmann gerichtet werden.

Die Lenkung

Die Lenkung besteht aus Lenker mit Vorbau, Steuerkopf und Vordergabel ❺. Die anfallenden Arbeiten sind Wartung des Steuerkopflagers, Einstellen des Lenkerstandes sowie Prüfen bzw. Richten oder Ersetzen der einzelnen Teile.

Steuersatz einstellen

Wenn die Lenkung sich – ganz oder nur stellenweise – schwer drehen läßt oder wenn sie zu locker ist, versucht man zuerst, das Problem durch Einstellen zu beheben.

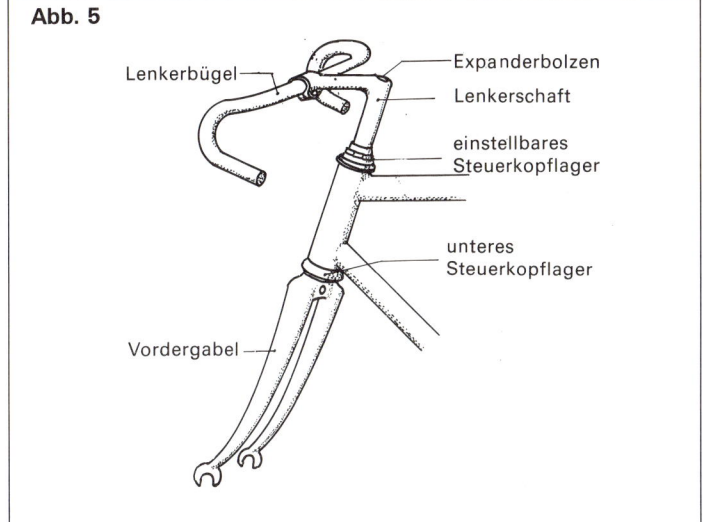

Abb. 6

Erforderlich ist:
● ein großer Rollgabelschlüssel oder Spezialschlüssel

Arbeitsgang:
1. Kopfmutter des oberen Lagers lockern ❶. Falls der Konterring und die zugehörige Schraubschale gegenseitig verzahnt sind, wird die Mutter so weit gelockert, daß die Lagerschale nach Heben des Konterringes verdreht werden kann ❷.
2. Konterring anheben und Kopfmutter etwas lockern oder anziehen, je nachdem, ob das Lager zu fest oder zu locker war.
3. Konterring auflegen und Kopfmutter festziehen, während die Schraubschale gehalten wird.
4. Funktion des Lagers prüfen und nachstellen.

Falls das Problem so nicht gelöst werden kann (oder dafür ein neues auftritt), muß das Lager überholt oder gar ersetzt werden.

Steuersatz überholen

Diese Arbeit ist erforderlich, wenn Einstellen keine Abhilfe bringt. Sie soll möglichst im Rahmen der halbjährlichen Wartung des Fahrrads durchgeführt werden. Vorher muß der Lenker mit Lenkerschaft ausgebaut werden (Beschreibung siehe Seite 27). Falls das Fahrrad mit einer Mittelzugbremse ausgestattet ist, vorher das Bremsseil lockern. Beim Ersetzen eines Steuersatzlagers oder der einzelnen Teile müssen Sie darauf achten, daß Sie

Abb. 1

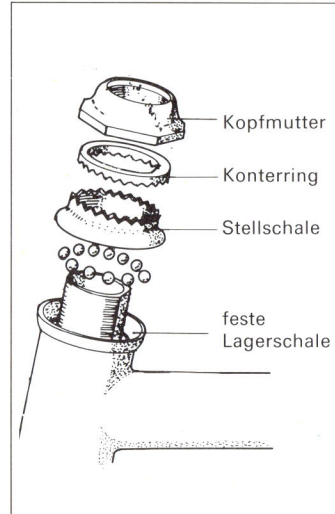

Abb. 2

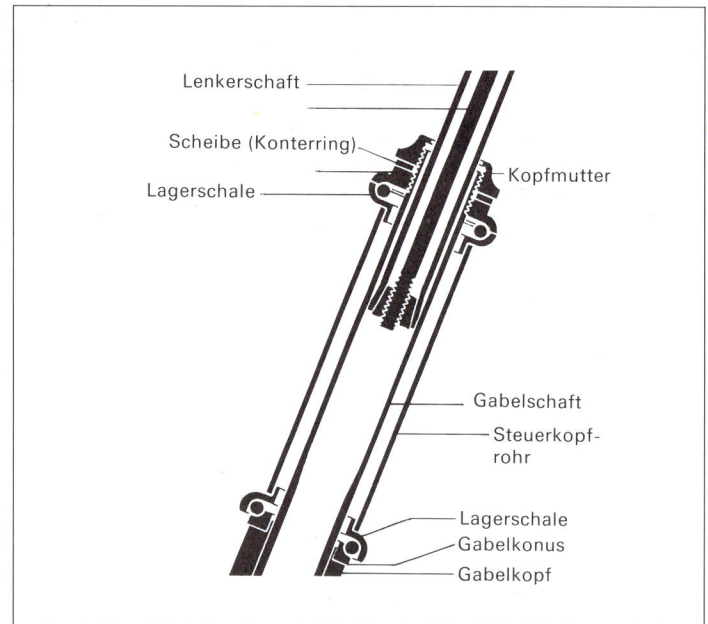

Abb. 3

ein Modell mit dem gleichen Gewindetyp erhalten. Diese Anleitung gilt im Prinzip auch für das Ersetzen des Steuerkopflagers oder der Vordergabel ❸.

Erforderlich sind:
● ein großer Rollgabelschlüssel
● Lappen
● Kugellagerfett
● für den Fall, daß Lagerschalen ersetzt werden müssen:

Abb. 4

Abb. 5

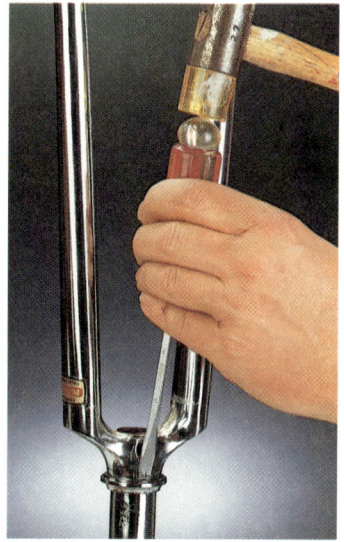

Abb. 6

großer Schraubendreher, Hammer, Holzklötzchen, ca. 35 cm langes Kupfer- oder Aluminiumrohr mit 30 mm Innendurchmesser.

Arbeitsgang Ausbau:
1. Kopfmutter entfernen.
2. Konterring abheben, eventuell auch die Bremszugankerung (Mittelzugbremse) oder Lampenhaken (Hollandrad).
3. Schraubschale entfernen, während Gabel und Rahmen am unteren Lager zusammengehalten werden.
4. Vordergabel nach unten herausnehmen (dabei mögliche lose Kügelchen auffangen).
5. Kugelringe (oder lose Kügelchen) beider Lager entfernen ❹.

Arbeitsgang Überholen:
1. Sämtliche Lagerteile reinigen und inspizieren.
2. Kugelringe (oder lose Kügelchen) sowie angerostete oder beschädigte Lagerteile (d.h., wo unregelmäßiger oder starker Verschleiß auf den Kugelläufen sichtbar ist) ersetzen. Dabei Teile des gleichen Fabrikats und Gewindetyps benutzen.
3. Falls die festen Lagerschalen ersetzt werden, mit dem großen Schraubendreher und einem Hammer rundum arbeitend vom anderen Ende des Steuerkopfrohrs herausklopfen.
4. Falls der Gabelkonus entfernt wird, mit dem großen Schraubendreher von beiden Seiten arbeitend abheben ❻.
5. Beim Ersetzen der Lagerschalen diese genau ausgerichtet mit dem Holzklötzchen schonen und bis zum Anschlag in das Steuerkopfrohr einhämmern ❺.
6. Zum Ersetzen des Gabelkonus den Konus genau ausgerichtet und mit dem Rohrstück über das Gabelrohr gesteckt bis zum Anschlag aufhämmern.
7. Alle Teile reinigen und Lagerschalen mit Kugellagerfett ausfüllen.

Hinweis:
Falls Lagerschalen oder Gabelkonus nicht passen, lassen Sie vom Fachmann feststellen, durch welches Modell sie ersetzt werden müssen. Falls erforderlich, kann er an der Gabel den Sitz für den Gabelkonus nacharbeiten. Bei einem neuen Rahmen kann es erforderlich sein, die Sitze für die Lagerschalen im Steuerkopfrohr nachzuarbeiten. Prüfen Sie vor dem Einbau, ob das Gabelrohr noch gerade und nicht etwa »abgeknickt« ist. Gegebenenfalls auch die Gabel ersetzen.

Arbeitsgang Einbau:
1. Rahmen umgekehrt halten; Kugelring oder lose Kügelchen in die jetzt obenliegende, mit Kugellagerfett ausgefüllte untere Lagerschale einlegen. Kugelring so einlegen, daß nur die Kügelchen (nicht der Ring) Lagerschale und Konus berühren.
2. Gabel durch das Steuerkopfrohr einstecken; Gabelkopf und Rahmen am unteren Lager zusammenhalten und Rahmen samt Gabel umkehren, damit das obere Lager wieder oben ist.
3. Kugelring oder lose Kügelchen in die obere Lagerschale einlegen (Kugelring so, daß nur die Kügelchen, nicht der Ring die Lagerschalen berühren) ❹.
4. Schraubenschale von Hand auf das Gabelrohr aufschrauben.

5. Konterring (und gegebenenfalls Lampenhaken oder Bremszugankerung) auflegen, dabei die Abflachung des Gabelrohrs und den entsprechenden Sitz des Konterrings sowie Verzahnung von Lagerschale und Konterring beachten.
6. Kontermutter fest aufschrauben ❸, während die Schraubschale gehalten wird.
7. Einstellung des Lagers prüfen und, falls notwendig, ggf. anhand der Beschreibung auf Seite 23 nachstellen, bis es sich frei, jedoch ohne Spiel dreht.

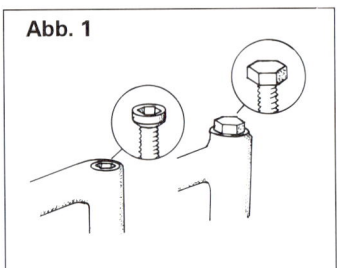

Abb. 1

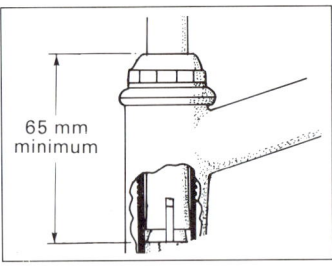

65 mm minimum

Abb. 2

Abb. 3

Lenker und Vorbau

Die Bestimmung von Höhe, Neigung und Entfernung zum Sattel gehört nicht zum Thema eines Reparaturbuches. Hier wird lediglich erklärt, wie diese Einstellungen vorgenommen werden und wie der Lenker oder Vorbau ersetzt wird. Die wichtigste regelmäßige Arbeit ist, festzustellen, ob der Lenker ausgerichtet und fest eingeklemmt ist.
Sollte einmal der Lenker brechen, so ist das fast immer nur bei einem falsch entworfenen flachen Aluminiummodell der Fall. Der mittlere Teil des Lenkers mit größerem Durchmesser (der eine Verstärkungsbüchse enthält) ist dann zu kurz, um die Biegekräfte direkt neben dem Vorbau aufzunehmen. Dieser verstärkte Teil muß bei einem flachen Lenker mindestens 8 cm lang sein.
Ein Lenker, der z.B. bei einem Sturz verbogen wurde, kann unter Umständen zurechtgebo-

gen werden. Entfernen Sie zuerst das Lenkerband, damit Sie prüfen können, ob sich Risse gebildet haben (beim Sturz oder beim Zurechtbiegen). Ein Lenker mit Rissen muß ersetzt werden.

Lenker einstellen

Die Höhe kann bei jedem Lenkertyp eingestellt werden, die Neigung nur bei zweiteiligen Modellen, die aus getrenntem Vorbau und Lenkerbügel bestehen ❹.

Erforderlich sind:
● Schrauben- oder Inbusschlüssel (je nach Klemmbolzentyp ❶)
● Hammer

Arbeitsgang Höheneinstellung:
1. Klemmbolzen auf dem Lenker um ca. 4 Umdrehungen lockern ❶ auf Seite 28.
2. Lenker unterstützen und so das Vorderrad hochheben.
3. Kräftig mit dem Hammer auf den Klemmbolzen

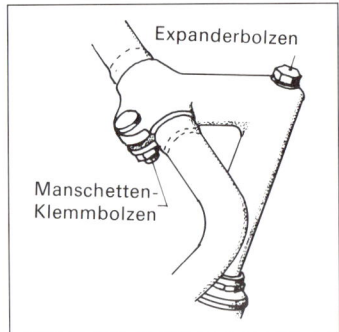

Expanderbolzen

Manschetten-Klemmbolzen

Abb. 4

schlagen, damit sich der im Inneren liegende Keil am Ende des Klemmbolzens lockert.
4. Lenker in die gewünschte Position bringen, dort ausgerichtet halten und den Klemmbolzen festziehen.

Hinweise:
1. Falls der Lenker lediglich ausgerichtet werden soll, den Klemmbolzen nur geringfügig lockern, damit die Lenkerhöhe nicht beeinflußt wird.

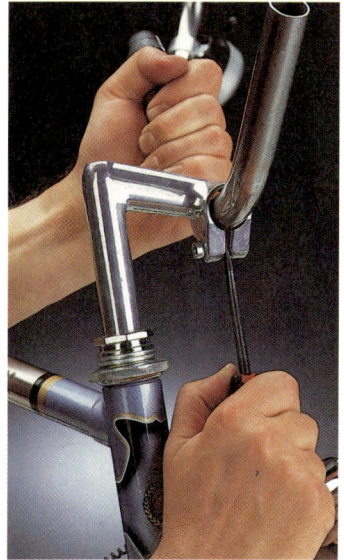

Abb. 5

Abb. 6

2. Falls das Rad mit einer Gestängebremse oder einer Crossbremse ausgestattet ist, muß auch das zugehörige Gestänge oder Bremsseil neu eingestellt werden (siehe Seite 67 und 76).

Vorgang Neigungseinstellung:
1. Manschetten-Klemmbolzen um ca. 1 Umdrehung lockern ❻.
2. Lenkerbügel in die gewünschte Neigung drehen, dort halten und Manschet-

ten-Klemmbolzen wieder festziehen.

Hinweise:
1. Aus Gründen der Sicherheit müssen mindestens 65 mm des Lenkerschafts unterhalb der Steuersatz-Kopfmutter liegen ❷. Falls diese Position nicht vom Hersteller markiert worden ist, machen Sie das selbst.
2. Falls der ganze Lenker oder der Lenkerbügel zu locker ist, wird lediglich der Klemmbolzen bzw. der Manschetten-Klemmbolzen festgezogen, während der Lenker in der richtigen Position gehalten wird. Falls er sich nicht ausreichend festziehen läßt, muß entweder der Bügel oder der Vorbau durch ein besser passendes Modell ersetzt werden (Durchmesser des Lenker-Mittenteils nachmessen!).

Lenkerbügel auswechseln
Der Lenker muß ersetzt werden, wenn er bei einem Sturz oder Unfall erheblich verbogen wude oder wenn seine Form oder Größe für den Fahrer unvorteilhaft ist. Diese Anleitung gilt für zweiteilige Lenker; für einteilige Modelle kann die Anleitung ›Vorbau auswechseln‹ (rechts) Seite 27, herangezogen werden. Vorher müssen auf einer Seite sämtliche am Lenker montierten Teile entfernt werden. Die Handbremse ist zu entspannen (siehe Seite 68).

Erforderlich sind:
● Schrauben- oder Inbusschlüssel (je nach Manschetten-Klemmbolzentyp)
● großer Schraubendreher

Arbeitsgang Ausbau:
1. Mutter des Manschetten-Klemmbolzens aufschrauben und entfernen ❻.
2. Manschette mit dem großen Schraubendreher aufspreizen und Lenkerbügel in einer vorsichtig drehenden Bewegung in die Richtung des freien Lenkerendes hinausführen ❺.

Arbeitsgang Einbau:
1. Feststellen, ob der Durchmesser des mittleren Teils des Lenkerbügels gleich dem des Vorbaus ist.
2. Manschette mit dem großen Schraubendreher aufspreizen und Lenkerbügel vorsichtig drehend hineinführen ❺.
3. Lenkerbügel genau mittig und unter der gewünschten Neigung im Vorbau halten, Manschettenbolzen installieren und die Mutter festziehen.

Vorbau auswechseln
Zunächst müssen auf einer Seite des Lenkers alle aufmontierten Teile sowie das Lenkerband oder der Lenkergriff entfernt werden.

Erforderlich sind:
● Schrauben- oder Inbusschlüssel (je nach Klemmbolzentyp)
● Hammer

Arbeitsgang Ausbau:
1. Klemmbolzen um ca. 4 Umdrehungen lockern (❶ S.28).
2. Lenker unterstützen; mit dem Hammer kräftig auf den Klemmbolzen schlagen, damit sich der innenliegende Keil lockert.

Abb. 1

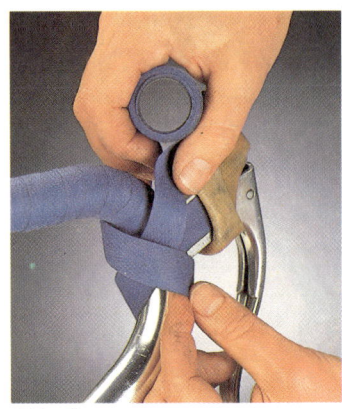

Abb. 2

3. Lenker samt Vorbau herausziehen.
4. Falls erforderlich, Lenkerbügel und Vorbau anhand der Beschreibung »Lenkerbügel auswechseln«, Seite 27, entfernen und austauschen.

Vorgang Einbau:
1. Je nach Keiltyp ❺:
   a) bei einem konischen Keil müssen die Rippen in den Aussparungen des Lenkerschafts liegen;
   b) bei einem abgeschrägten Keil müssen die schrägen Flächen von Lenkerschaft und Keil übereinstimmen, und der Keil muß in der Verlängerung des Lenkerschafts liegen.
2. Klemmbolzen von Hand nur so weit festschrauben, daß der Keil in der richtigen Position verbleibt, ohne zu klemmen.
3. Lenkerschaft einführen und den Klemmbolzen in der gewünschten Position festziehen ❶.

Lenkerband wickeln
Der Bügel eines Renn- oder Trainingslenkers wird meistens mit Lenkerband umwickelt. Als Alternative empfiehlt sich eine

Art Schlauch aus Schaumstoff, der ähnlich wie der Lenkergriff angebracht und entfernt wird. Es gibt selbstklebendes Baumwollband und nichtklebendes Kunststoffband. Selbstklebendes Band wird von der Mitte des Lenkerbügels zu den Enden, nichtklebendes Band von den Enden zur Mitte hin gewickelt. Die Bremsgriffe müssen vorher in der gewünschten Position angebracht sein. Sie brauchen zwei Rollen Band, für jede Seite eine.

Erforderlich sind:
● Schraubendreher
● für nichtklebendes Band; wasserfestes Klebeband oder Klebstoff.

Arbeitsgang Entfernen:
1. Lenkerstopfen entfernen ❹, indem Sie sie – je nach Typ – von Hand in einer drehenden Bewegung abdrücken bzw. nachdem Sie eine Klemmschraube im Stopfenende um ca. 4 Umdrehungen gelockert haben ❻.
2. Feststellen, in welcher Richtung das alte Band gewickelt war und vom Ende her zurückrollen. Klebrige Bandreste mit Terpentin o.ä. entfernen.

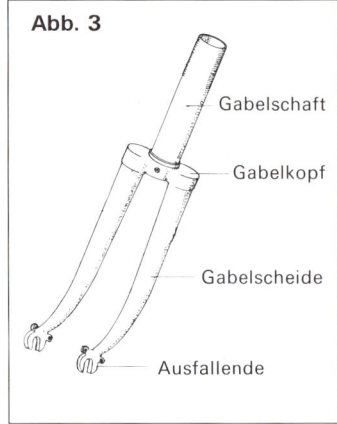

Abb. 3

Gabelschaft

Gabelkopf

Gabelscheide

Ausfallende

Arbeitsgang Umwickeln:
1. Die Schellen der Bremsgriffe jeweils mit einem ca. 6 cm langen Stück Band überkleben (bei nichtklebendem Band mit Klebeband oder Klebstoff an den Enden halten).
2. Bei selbstklebendem Band ca. 5 cm von der Mitte des Lenkers anfangen. Von dort aus (immer etwa um die Hälfte der Bandbreite überlappend) zum Ende hinauswickeln.
3. In einem Kreuz die Bremsgriffbefestigung möglichst glatt einfassen ❷ und darauf achten, daß im gekurvten Bereich des Lenkerbü-

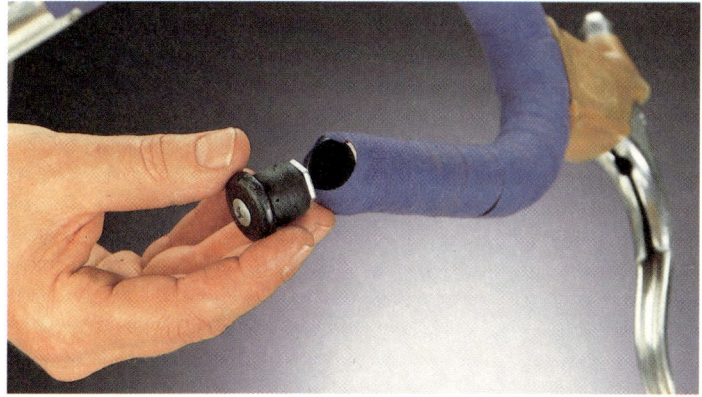

Abb. 4

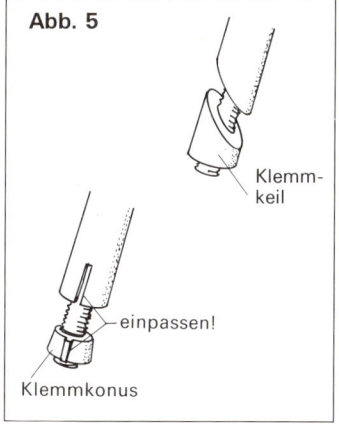

Abb. 5

Klemm-
keil

einpassen!

Klemmkonus

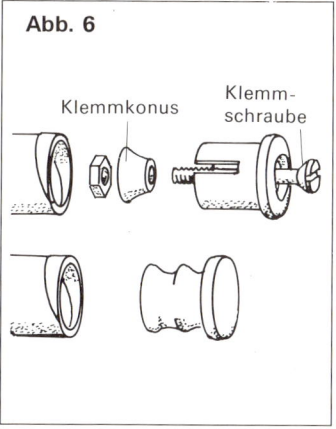

Abb. 6

Klemmkonus

Klemm-
schraube

ben. Falls auch das nicht gelingt, aufschneiden.

Bevor Sie die Griffe installieren, sind zuerst alle auf den Lenker zu montierenden Teile anzubringen. Beim Anbringen des neuen Griffes zuerst den Lenker reinigen. Beim Anbringen sollte man jedoch auf Spülmittel verzichten, damit der Griff nicht zu locker sitzt. Nachdem der Griff in heißem Wasser weich geworden ist, läßt er sich in einer drehenden Bewegung aufschieben.

Gabelinspektion

Wenn das Fahrrad nicht mehr genau spurt oder lenkt, kann das daher kommen, daß die Vordergabel verzogen ist. Zum Ein- und Ausbauen der Gabel ist die Anleitung »Steuersatz überholen«, Seite 24, zu befolgen. Sollte der Gabelschaft einer Gabel brechen, so liegt das fast immer daran, daß der Lenker zu hoch ausragte. Dann liegt die Einklemmung des Lenkerschafts in dem vom Gewinde geschwächten oberen Teil des Gabelschafts. Bei einem starken Stoß (oder auch bei wiederholten schwächeren Stößen) kann diese Stelle dann plötzlich brechen. Also, den Lenker mindestens 65 mm tief einklemmen!

Manchmal kann eine verformte Gabel vom Fachmann gerichtet werden. Falls die Vordergabel ersetzt werden muß, ist ein Modell zu besorgen, das die gleiche Scheidenlänge sowie die gleiche (zum Rahmenmaß passende) Schaftlänge und den zum Steuersatzlager passenden Gewindetyp (französisch, englisch/italienisch oder fabrikatgebunden) hat.

gels keine Stelle freigelassen wurde. Falls das Band nicht ausreicht, können Sie entweder von neuem anfangen, und diesmal weniger großzügig überlappen oder nur bis zum Bremsgriff wickeln und dort mit einer neuen Rolle Band anfangen.

4. Das Bandende in das offene Lenkerende umknicken und mit dem Lenkerstopfen halten ❹ ❺. Lenkerstopfen mit Klemmschraube zuerst lockern, nach dem Einstecken wieder festziehen.

5. Bei nichtklebendem Band den Anfang im Lenkerstopfen einklemmen und auf die Mitte zu wickeln. Die Enden

jeweils mit einem ca. 8 cm langen Stück Klebeband umwickeln oder über die letzten 5 cm kleben und fest umklemmt halten, bis der Klebstoff getrocknet ist.

Lenkergriffe ersetzen

Die Beschreibung gilt ebenfalls für Schaumstoff-Schläuche, wie sie heute auch bei Renn- und Trainingslenkern gelegentlich benutzt werden. Der alte Griff wird von Hand in einer drehenden Bewegung zum Lenkerende abgedrückt. Falls das so nicht geht, mit einem Schraubendreher anheben und etwas flüssiges Spülmittel zwischen Griff und Lenker zugeben.

Erforderlich sind:
● flacher Arbeitstisch
● Lineal mit Millimetereinteilung
● langes Metall-Lineal
● zwei gleich hohe (ca. 5 bis 6 cm) Holz- oder Metallklötzchen

Arbeitsgang:
1. Bei eingebauter Gabel mit dem langen Metall-Lineal prüfen, ob die oberen Enden der Gabelscheiden genau mit dem Steuerkopfrohr fluchten ❸ und die Gabelscheiden nicht sichtbar in sich zurückgeknickt sind ❶. Falls dieser Schaden vorliegt (insbesondere wenn ein scharfer Knick, eine Delle oder Risse im Metall oder in der Lackierung sichtbar sind), ist die Gabel entweder zu ersetzen oder von einem Fachmann zu beurteilen und gegebenenfalls zu richten.
2. Falls immer noch Bedenken bestehen, Gabel ausbauen und auf dem flachen Arbeitstisch wie folgt prüfen:
a) Nach Abbildung ❷ mit dem Gabelkopf knapp über den Tischrand, dabei quer zur Tischplatte, prüfen: beide Scheiden und beide Gabelenden müssen gleichzeitig den Tisch berühren, wenn die Gabel genau senkrecht zur Tischkante liegt.
b) Der Abstand zwischen den Gabelenden muß mit der über der Kontermutter gemessenen Breite der Vorderradnabe übereinstimmen.
c) Stützen Sie den Gabelschaft auf zwei genau gleich hohe Klötze mit den Gabelenden übereinander

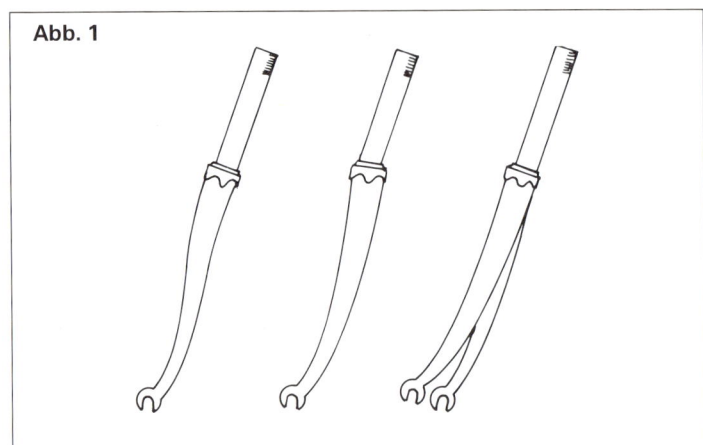

Abb. 1

Abb. 2

(mit Zeichendreieck nachprüfen), einmal mit der einen Scheide unten, einmal umgekehrt. Der Abstand zwischen Tischplatte und Gabelende muß beiderseits gleich sein.

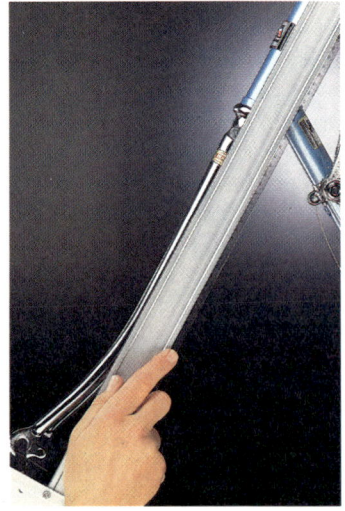

Abb. 3

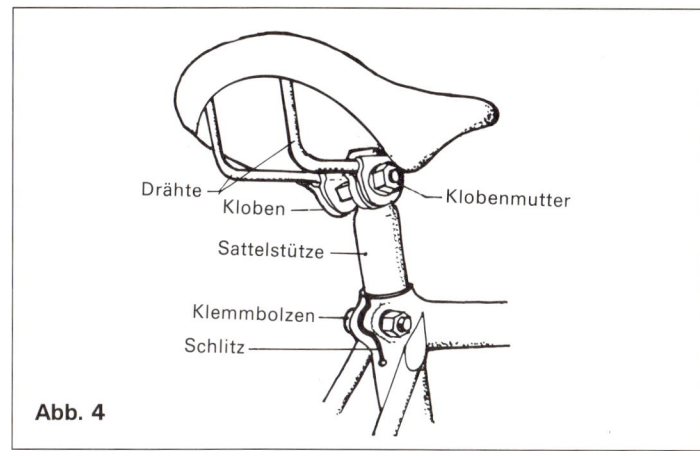

Drähte
Kloben
Klobenmutter
Sattelstütze
Klemmbolzen
Schlitz

Abb. 4

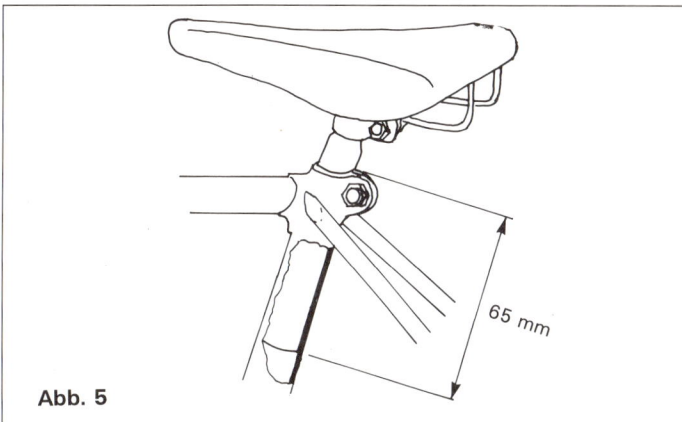

65 mm

Abb. 5

Sattel und Sattelstütze

Der Sattel wird mit Hilfe einer Sattelstütze in das Sitzrohr des Rahmens eingeklemmt ❹. Die anfallenden Arbeiten sind Einstellen von Höhe, Position und Neigung sowie Pflege des Sattels und Austausch von Sattel oder Sattelstütze.
Es gibt zwei Typen von Sattelstützen: rohrförmige Modelle mit separatem Sattelkloben und einstellbare Leichtmetallmodelle (❶ Seite 34). Auch unterscheidet man verschiedene Satteltypen, von denen nur das Modell mit vorgespannter Lederdecke Pflege erfordert.

Sattel einstellen

Die Bestimmung der ergonomisch günstigsten Position für den Fahrradsattel geht über den Rahmen eines reinen Reparaturbuches hinaus. Deshalb sei hier nur bemerkt, daß der Sattel aus Sicherheitsgründen nicht so hoch gestellt werden darf, daß weniger als 65 mm der Sattelstütze im Sitzrohr eingeklemmt sind ❺. Falls die Sattelstütze nicht bereits vom Hersteller entsprechend markiert ist, können Sie das auch selbst machen.

Erforderlich ist:
● Schrauben- oder Inbusschlüssel (je nach Klemmbolzen- und Sattelstützentyp)

Arbeitsgang Höheneinstellung:
1. Mutter des Klemmbolzens um 1–2 Umdrehungen lockern ❻.

Abb. 6

Bei einem Mountainbike wird der Schnellspanner umgelegt ❶.
2. Sattel samt Sattelstütze in einer drehenden Bewegung höher oder tiefer stellen.
3. In der richtigen Position ausgerichtet halten und die Mutter des Klemmbolzens festziehen. Bei einem Rad mit Mittelzugbremse aufpassen, daß Sie die Ankerung des Bremszuges nicht verdrehen.

Arbeitsgang Neigungseinstellung:
1. Bei einer Sattelstütze mit separatem Kloben beide Klobenmuttern um 1–2 Umdrehungen lockern ❷.
2. Sattel drehen, bis er unter der gewünschten Neigung einrastet.
3. Sattel dort ausgerichtet halten und beide Muttern des Klobenbolzens festziehen.
4. Bei den meisten einstellbaren Leichtmetall-Sattelstützen sind unter der Satteldecke zwei Stellbolzen erreichbar. Der Sattel wird hier nach vorne geneigt, indem der hintere Bolzen gelockert, der vordere fester gezogen wird. Umgekehrt wird er nach hinten geneigt, indem der vordere Bolzen gelockert und der hintere angezogen wird ❸.

Arbeitsgang – vorwärts oder rückwärts:
Wie zur Neigungsänderung; bei der einstellbaren Leichtmetall-Sattelstütze müssen jedoch beide Stellbolzen gelockert werden. Den gelockerten Sattel in die gewünschte Richtung schieben, dort festhalten und beide Klobenmuttern bzw. Stellbolzen festziehen.

Abb. 1

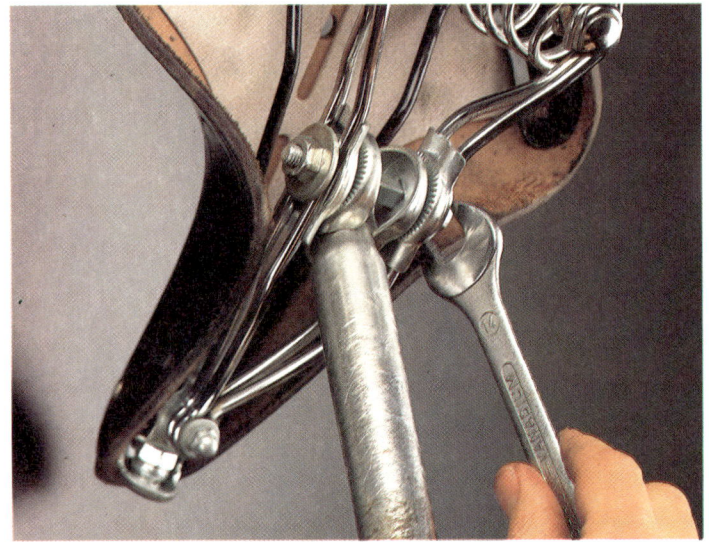

Abb. 2

Sattel auswechseln

Bei einer normalen rohrförmigen Sattelstütze braucht man einen Sattel mit Kloben; bei der einstellbaren Sattelstütze wird der Sattel ohne Kloben installiert.

Erforderlich ist:
● Schrauben- oder Inbusschlüssel (je nach Sattelstützentyp)

Arbeitsvorgang Ausbau:
1. Bei einer Sattelstütze mit separatem Kloben beide Muttern des Klobenbolzens

Abb. 3

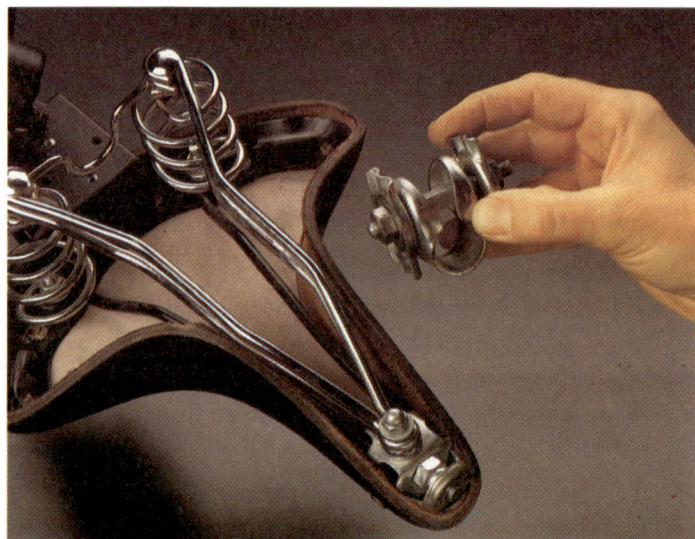

Abb. 4

kern und die Halterungsteile so verdrehen, daß der Sattel entfernt werden kann.

Arbeitsgang Einbau:
1. Prüfen, ob Schienen- oder Drähteform des neuen Sattels mit dem Kloben oder der einstellbaren Leichtmetall-Sattelstütze übereinstimmt (rund, flach oder doppelt). Entfernen Sie den Kloben, wenn eine einstellbare Leichtmetall-Sattelstütze benutzt wird.
2. Falls ein Sattel ohne Kloben eingebaut wird, die Sattelschienen oder -drähte einführen ❹, Sattel mit Klemmung in der richtigen Position festhalten und Klobenmutter oder Stellbolzen festziehen ❷ ❸. Anderenfalls einfach den Kloben samt Sattel auf der Sattelstütze anbringen und die Muttern des Klobenbolzens festziehen, während der Sattel in der richtigen Position gehalten wird ❷.
3. Falls erforderlich, Sattelstand einstellen.

Sattelstütze auswechseln

Entfernen Sie zunächst den Sattel mit der Sattelstütze. Erst dann wird der Sattel von der Sattelstütze getrennt. Bei der Installation kann man entweder entsprechend verfahren, oder es kann zuerst die Sattelstütze und danach der Sattel angebracht werden. Befolgen Sie dazu die Anleitungen »Sattel einstellen«, Seite 31, und »Sattel auswechseln«, Seite 32. Die Sattelstütze vor der Installation leicht mit Vaseline einschmieren.

um ca. 2 Umdrehungen lockern, wenn der Kloben an der Sattelstütze bleiben soll; um nur je 1 Umdrehung, falls der Kloben mit dem Sattel entfernt wird.
2. Falls der Kloben auf der Sattelstütze verbleiben soll, Sattelschienen oder -drähte aus der Klemmung des Sattelklobens herausnehmen ❹. Anderenfalls Sattel mit Kloben in einer drehenden Bewegung entfernen.
3. Bei einer einstellbaren Leichtmetall-Sattelstütze (❷ Seite 34) beide Stellbolzen um ca. 4 Umdrehungen lockern,

Achten Sie beim Kauf der neuen Sattelstütze darauf, daß der Durchmesser mit dem Innendurchmesser des Sitzrohrs übereinstimmt. Eventuell kann der Schlitz in der Sattelmuffe mit einer dünnen, flachen Feile ausgearbeitet werden ❸. Dann muß jedoch auch ein Loch von 4 mm am Ende dieses Schlitzes gebohrt werden, um der Entstehung von Rissen im Metall vorzubeugen. Beachten Sie auch wieder die Mindest-Einklemmlänge der Sattelstütze: 65 mm. Möglicherweise müssen Sie sich ein besonders langes Modell besorgen. Oder vielleicht ist das Fahrrad einfach zu klein für Sie.

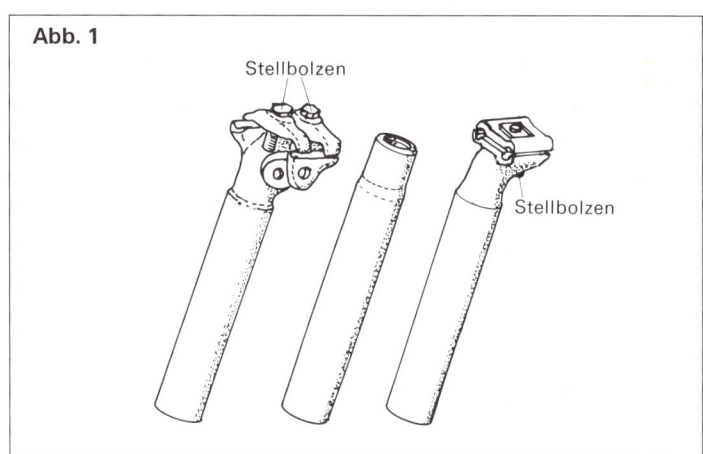

Abb. 1

Stellbolzen

Stellbolzen

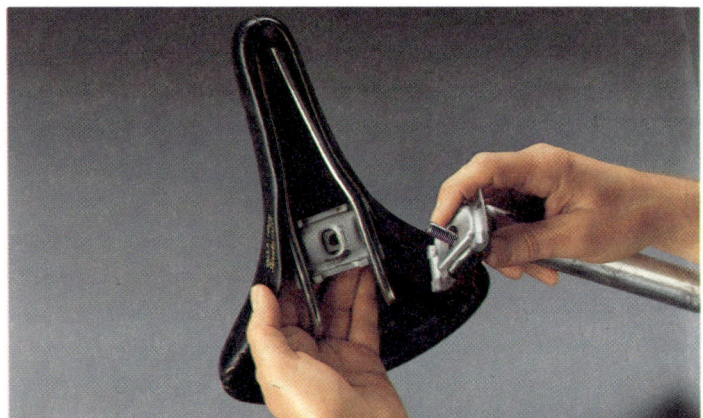

Abb. 2

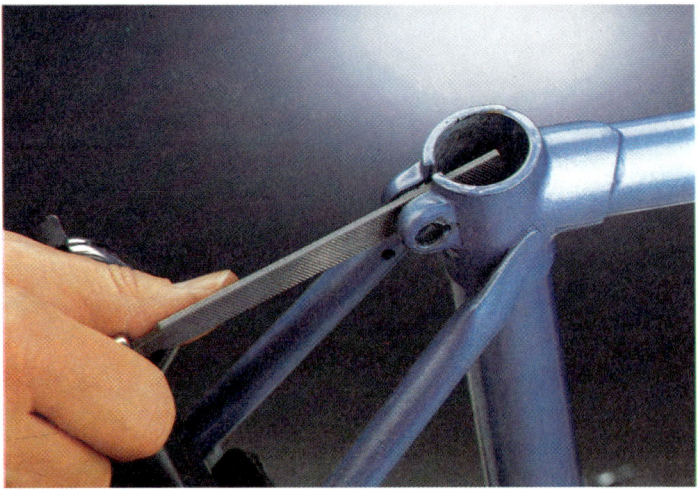

Abb. 3

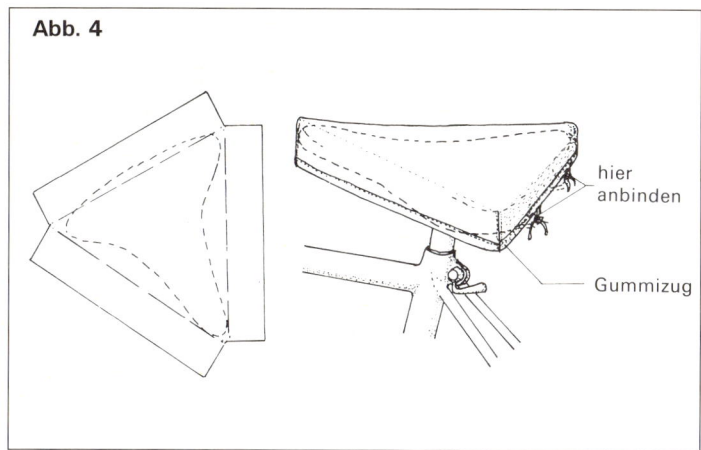

Abb. 4

hier
anbinden

Gummizug

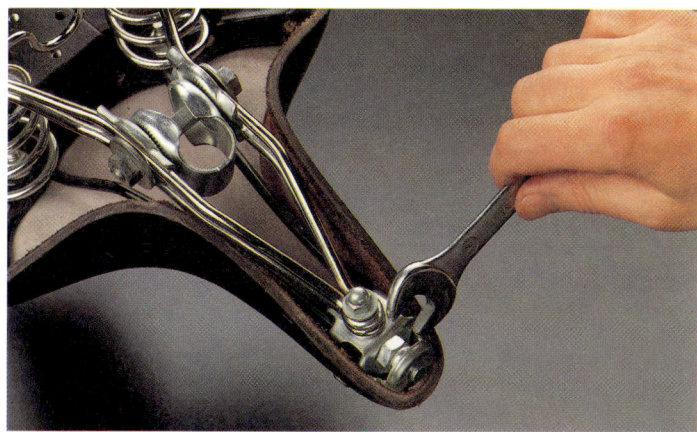

Abb. 5

Ledersattel pflegen

Der Sattel mit vorgespannter Lederdecke muß trocken gehalten werden. Stülpen Sie beim Abstellen und Transportieren des Rads immer eine Plastiktüte oder einen selbstgenähten Sattelschutz ❹ über den Sattel. Falls er trotzdem naß wird, sollten Sie sich erst darauf setzen, nachdem er wieder trocken ist, weil er sich sonst unweigerlich verformen würde.

Um das Leder geschmeidig und einigermaßen wasserabweisend zu erhalten, wird die Unterseite der Satteldecke mindestens zweimal jährlich mit Lederschutzmittel behandelt. Zweimal im Jahr sollte die Decke auch angespannt werden, damit sie ihre Form und Federwirkung erhält. Dazu die in der Abbildung gezeigte Mutter fester ziehen ❺.

Der Antrieb

Der Antrieb des Fahrrads besteht aus den Teilen, mit
denen die Antriebskräfte des Fahrers auf das Hinterrad
übertragen werden: Tretlager, Tretkurbeln, Pedale,
Kettenblätter und Kette. Ihre Wartung ist erforderlich,
um den leichten Lauf des Fahrrads zu garantieren.
Die übrigen Teile – Ritzel oder Zahnkranz mit Freilauf –
werden in dem der Gangschaltung gewidmeten Kapitel
behandelt.

Das Tretlager

Knackende Geräusche, Schlak-
kern, Schwergängigkeit und
Schleifen des Kettenblatts
beim Treten, das alles sind
Symptome, die in der Regel
durch Einstellen oder Überholen des Tretlagers beseitigt
werden können. Versuchen Sie
es zuerst mit Einstellen. Wenn
die Probleme dadurch nicht behoben werden können, muß
das Lager überholt werden.
Die zwei am häufigsten benutz-
ten Tretlagertypen sind die
nach Thompson und BSA.
Beim Thompsonlager ❶ sind
die Lagerschalen in das
Tretlagergehäuse eingesteckt,
während sie beim BSA-Lager
❷ verschraubt sind. Hin und
wieder findet man noch das al-
tertümliche Glockenlager, das
dem Thompsonlager ähnlich
ist. Bei einigen hochwertigen
Rädern werden auch nichteinstellbare sog. Rillenlager benutzt, die nur vom Fachmann
durch Auswechseln gewartet
werden können. Hier folgen die
Beschreibungen für das Einstellen und Überholen von
Thompson- und BSA-Lagern.

Abb. 1

Abb. 2

Thompsonlager einstellen

Erforderlich ist:
● Schraubenschlüssel

Arbeitsgang:
1. Kontermutter ❸ um ca. 2
   Umdrehungen nach rechts
   lockern (Linksgewinde!),
   Unterlegscheibe anheben.
2. Den unter der Scheibe liegenden Staubdeckel, der
   mit zwei Zacken in den Konus des Kugellagers greift,

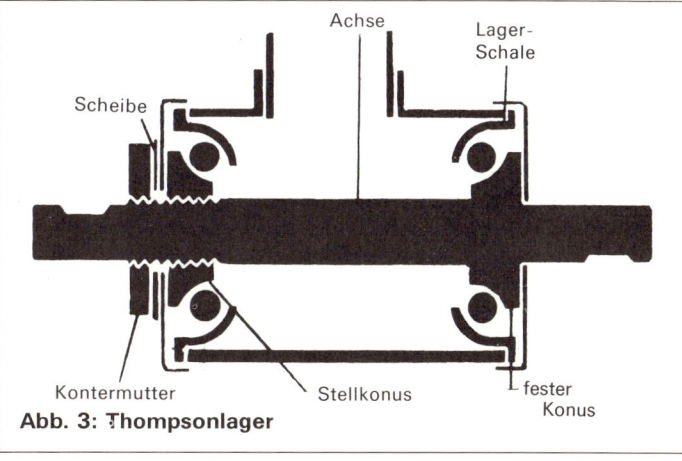

Scheibe · Achse · Lager-Schale

Kontermutter · Stellkonus · fester Konus

Abb. 3: Thompsonlager

nach links oder rechts drehen, bis die gewünschte Einstellung erreicht ist ❶.

3. Schraubdeckel festhalten, Scheibe andrücken und Kontermutter nach links festziehen.

4. Feststellen, ob das Problem so gelöst wurde. Gegebenenfalls nachstellen oder das Lager überholen.

Thompsonlager überholen

Diese Anleitung gilt nicht nur für das Überholen, sondern auch für das Auswechseln des Lagers. Bevor mit dieser Arbeit begonnen wird, müssen Kette und linke Tretkurbel entfernt werden (Anleitungen dazu siehe die Seiten 42 und 48).

Erforderlich sind:
● Schraubenschlüssel
● Putzlappen
● Kugellagerfett
● falls Lagerschalen ersetzt werden müssen: Hammer, großer Schraubendreher und Holzklötzchen

Arbeitsgang Ausbau:
1. Kontermutter nach rechts entfernen (Linksgewinde!)
2. Scheibe abheben.
3. Konus lockern, indem Sie den Staubdeckel eindrücken, nach rechts drehen und dann von Hand abschrauben ❸.
4. Achse mit rechter Tretkurbel nach rechts herausnehmen, dabei Kugelringe oder lose Kügelchen auffangen.

Arbeitsgang Überholen:
1. Kugelbahnen von Lagerschalen und Konen reinigen

Abb. 1

Abb. 2

Abb. 3

Abb. 4

und inspizieren; falls beschädigt oder angerostet, ebenso wie die Kugelringe oder Kügelchen ersetzen. Achten Sie darauf, daß Sie genau passende Ersatzteile erhalten.

2. Falls die Lagerschalen ersetzt werden müssen, diese mit dem Schraubendreher vom anderen Ende des Tretlagergehäuses heraushämmern ❷.

Arbeitsgang Einbau:

1. Neue Lagerschalen mit einem Holzklötzchen schützen und einhämmern ❹.

2. Lagerschalen mit Kugellagerfett ausfüllen, Kügelchen oder Kugelringe hineinpressen (dabei aufpassen, daß nur die Kügelchen, nicht der Ring Lagerschale und Konus berühren).

3. Achse mit dem festen Konus von rechts einstecken.

4. Konus nach links aufschrauben ❸.

5. Staubdeckel und Scheibe (mit Nut in der Rille der Achse) auflegen, dann Kontermutter nach links aufschrauben.

6. Einstellung prüfen und falls nötig, nach der vorangegangenen Beschreibung nachstellen und die Mutter fest anziehen.

7. Nach ca. 100 km nochmals prüfen und nachstellen.

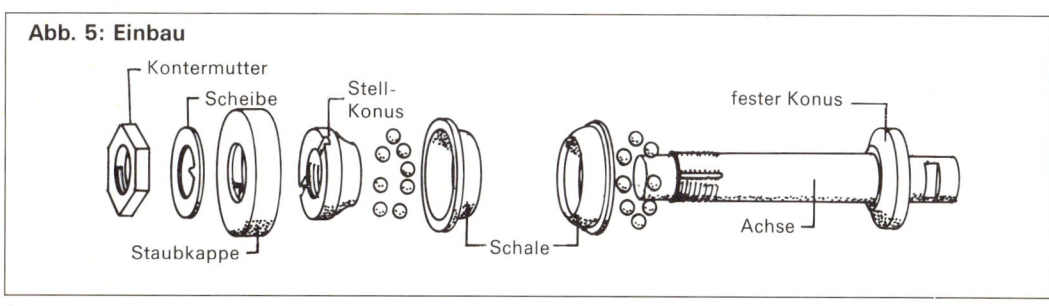

Abb. 5: Einbau

Kontermutter — Scheibe — Stell-Konus — fester Konus

Staubkappe — Schale — Achse

BSA-Lager einstellen

Erforderlich ist:
● Spezialwerkzeug ❷ (Ring-
  schlüssel und Stiftschlüssel)
  oder Hammer und Stift.

Arbeitsgang:
1. Konterring der linken Lager-
   seite um ca. 1 Umdrehung
   nach links lockern ❶.
2. Einstellbare Lagerschale
   nach links lockern oder
   nach rechts fester anziehen.
3. Konterring festziehen, dabei
   die Lagerschale sperren,
   damit sie nicht mitdreht ❹.
4. Kontrollieren und unter Umständen nachstellen ❺.

BSA-Lager überholen

Diese Anleitung gilt nicht nur
für das Überholen, sondern
auch für das Auswechseln des
Lagers. Vorher müssen Kette
und Kettenblatt sowie beide
Tretkurbeln entfernt sein.

Erforderlich sind:
● Spezialwerkzeug (Ring-
  schlüssel), Stiftzange und
  Lagerschlüssel) oder Hammer und Stift sowie sehr
  großer Rollgabelschlüssel
  oder Schraubstock
● Lappen
● Kugellagerfett

Arbeitsgang Ausbau:
1. Konterring der linken Tretla-
   gerseite nach links entfernen.
2. Einstellschale nach links
   entfernen; Kügelchen oder
   Kugelring der linken Lager-
   seite auffangen ❸.

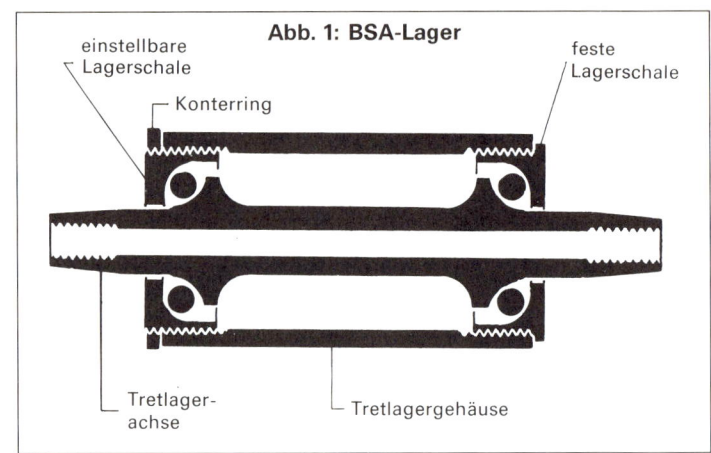

Abb. 1: BSA-Lager

einstellbare Lagerschale — Konterring — feste Lagerschale — Tretlagerachse — Tretlagergehäuse

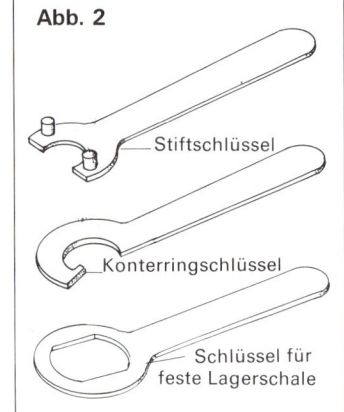

Abb. 2

Stiftschlüssel — Konterringschlüssel — Schlüssel für feste Lagerschale

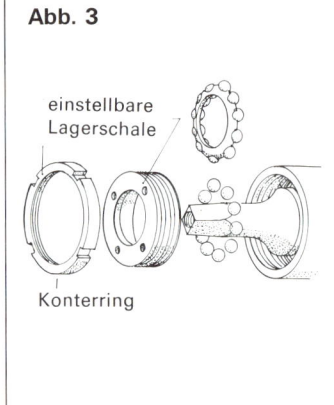

Abb. 3

einstellbare Lagerschale — Konterring

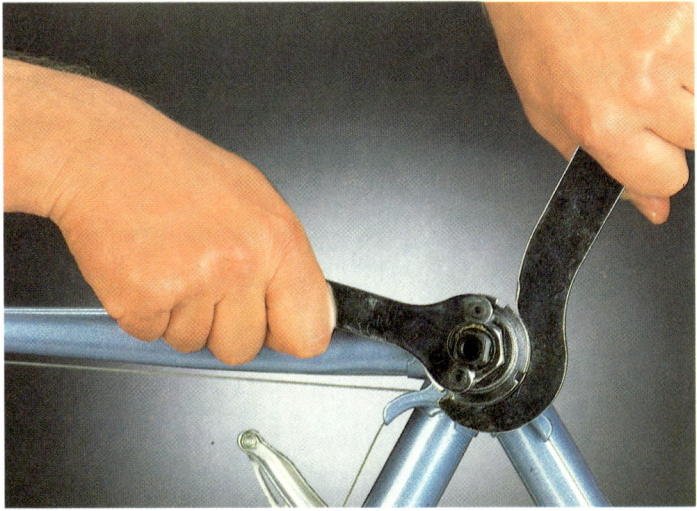

Abb. 4

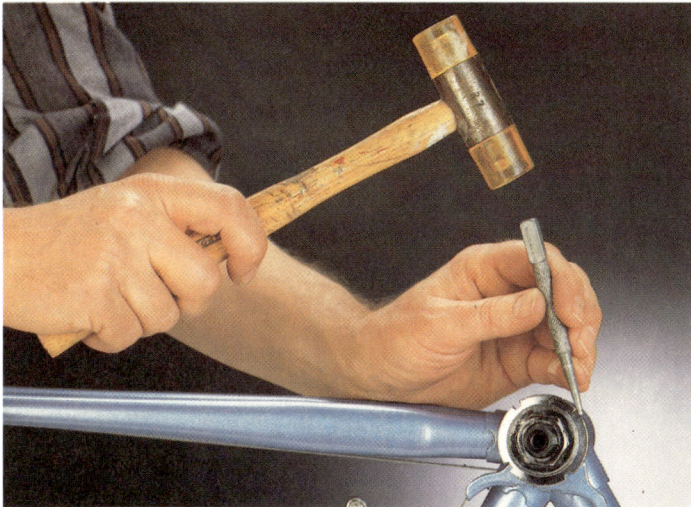

Abb. 5

Abb. 6

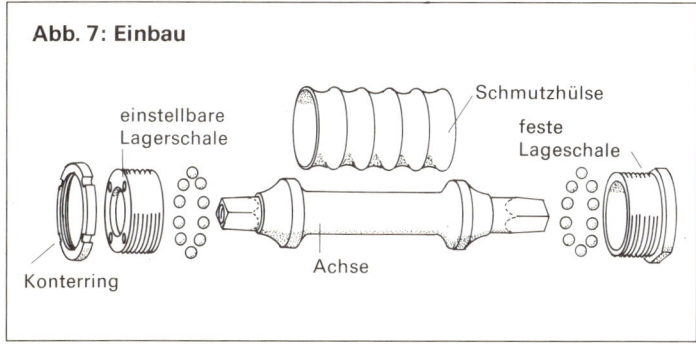

Abb. 7: Einbau

einstellbare
Lagerschale

Schmutzhülse

feste
Lageschale

Konterring

Achse

3. Tretlagerachse herausziehen, dabei auch Kügelchen oder Kugelring der rechten Seite auffangen.

Arbeitsgang Überholen:
1. Lagerteile und Gehäuse reinigen und inspizieren. Beschädigte oder angerostete Teile, ebenso wie die Kügelchen oder Kugelringe, ersetzen (beim Ersetzen darauf achten, daß Sie genau passende Teile erhalten).
2. Falls die feste (rechte) Lagerschale ersetzt werden soll ❻, ist sowohl beim Ein- und Ausschrauben als auch beim Kauf zu bedenken, daß es sie mit Linksgewinde (englische und schweizerische Norm) und mit Rechtsgewinde (französische und italienische Norm) gibt und daß einige Firmen (z.B. Raleigh) für manche Räder eine abweichende, markeneigene Norm verwenden.

Arbeitsgang Einbau:
1. Lagerteile nochmals reinigen und schmieren, eventuell feste Lagerschale vorsichtig (nach links oder rechts drehend, je nach Gewindenorm) einschrauben; Schutzhülse in das Tretlagergehäuse einlegen.
2. Kügelchen oder Kugelringe in die mit Kugellagerfett gefüllten Lagerschalen eindrücken (bei Kugelringen so, daß nur die Kügelchen, nicht der Ring die Lagerteile berühren).
3. Achse so einstecken, daß das längere Ende nach rechts (kettenseitig) ausragt.
4. Einstellbare (linke) Lagerschale vorsichtig aufschrauben.

5. Schale halten, damit sie nicht mitdreht, und Konterring fest aufschrauben (❹ Seite 40).
6. Einstellung prüfen; falls nötig, anhand der vorigen Anleitung nachstellen.
7. Nach ca. 100 km nochmals prüfen und nachstellen.

Die Tretkurbeln

Die Tretkurbeln sind entweder mit einem Keil oder keillos an der Tretlagerachse befestigt. Falls die Tretkurbeln merkbar locker sind oder sie Geräusche von sich geben, ist die Verbindung festzuziehen. Nach einem Sturz kann eine Tretkurbel verbogen sein. Das Ausrichten kann nur vom Fachmann vorgenommen werden, weil es Spezialwerkzeug erfordert. Für Arbeiten am Tretlager müssen die Tretkurbeln manchmal auch entfernt werden.

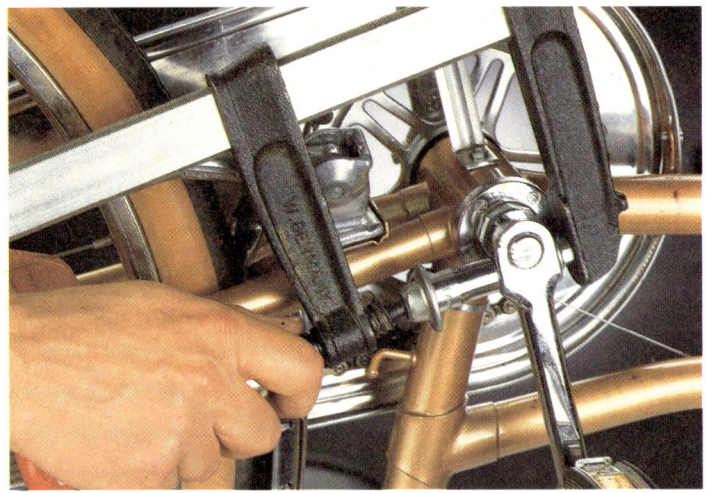

Abb. 1

Abb. 2

Verkeilte Tretkurbel festziehen

Erforderlich sind:
● Schraubenschlüssel
● Hammer und fester Gegenstand zum Abstützen oder Leimzange und ca. 12 mm hohe Metallbüchse oder Mutter mit ca. 10 mm Innendurchmesser

Arbeitsgang:
1. Tretkurbel in die richtige Position bringen. Falls Leimzange vorhanden, Mutter und Unterlegscheibe des Keils entfernen.

2. Falls Leimzange vorhanden, Rohrstück oder übergroße Mutter über das Gewinde setzen und Keil mit Hilfe der Leimzange sehr fest hineindrücken ❶.
3. Falls keine Leimzange vorhanden, Tretkurbel abstützen und Keil weiter einhämmern ❷.
4. Mutter sehr fest anziehen (falls sie entfernt wurde, Unterlegscheibe nicht vergessen).

Verkeilte Tretkurbel auswechseln

Erforderlich sind:
● Hammer und fester Gegenstand zum Abstützen oder Leimzange und ca. 12 mm hohe Metallbüchse oder Mutter mit ca. 10 mm Innendurchmesser
● Schraubenschlüssel
● Stift und Hammer

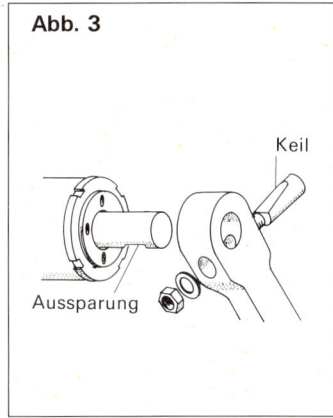

Abb. 3

Keil

Aussparung

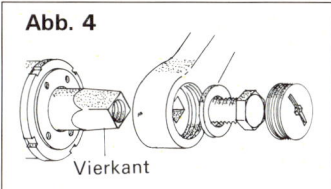

Abb. 4

Vierkant

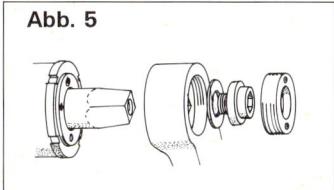

Abb. 5

Abb. 6

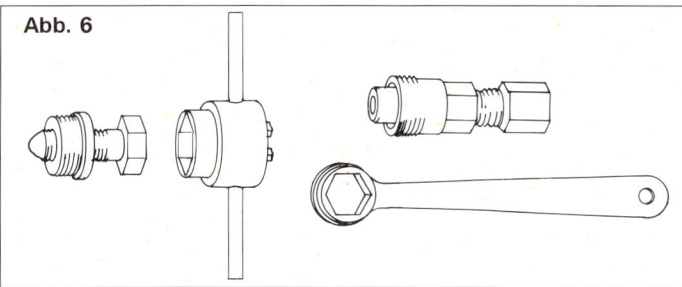

Abb. 7

Arbeitsvorgang Einbau:
1. Achse (insbesondere die Keilbahn) und Tretkurbelloch reinigen und leicht mit Vaseline einschmieren.
2. Tretkurbel in der richtigen Orientierung aufstecken (Tretkurbel mit Kettenblatt-Befestigung rechts, d.h. kettenseitig; die zwei Tretkurbeln 180° zueinander versetzt).
3. Tretkurbel aufstecken; Keil von der Seite mit dem größeren Loch einstecken ❸.
4. Keil nach der vorangegangenen Anleitung »Tretkurbel festziehen« hineinzwängen und die Mutter festziehen.
5. Nach ca. 100 km nochmals nachprüfen und festziehen.

Keillose Tretkurbel festziehen

Es gibt zwei gängige Ausführungen keilloser Tretkurbeln: mit loser Schraubkappe ❹ und mit Inbus ❺. Die erste erfordert fabrikatsgebundenes Spezialwerkzeug (Kurbelabzieher ❻), für die zweite genügt ein 6 mm Inbusschlüssel.

Erforderlich ist:
● je nach Fabrikat und Modell: Kurbelabzieher oder Inbusschlüssel

Arbeitsgang:
1. Bei dem Modell mit Inbusschraube diese kräftig festziehen ❼.
2. Bei anderen Modellen zuerst den Staubdeckel entfernen, dann die Mutter oder den Bolzen mit dem Steckschlüsselteil des Kurbelabziehers festziehen und Staubkappe wieder einschrauben.

Arbeitsvorgang Entfernen:
1. Keilmutter so weit zurückschrauben, bis das Gewinde des Keils nicht mehr ausragt und zwischen Mutter und Tretkurbel mindestens 2 mm Abstand verbleibt.
2. Falls Leimzange vorhanden, Rohrstück oder übergroße Mutter über das Keilende stülpen und Keil von der Mutterseite ausgehend herausdrücken ❶.
3. Falls keine Leimzange vorhanden ist oder der Keil zu fest sitzt, Kurbel abstützen und von der Mutterseite zurückhämmern ❷.
4. Mutter und Scheibe entfernen, Keil herausnehmen (falls erforderlich, vorsichtig mit Stift und Hammer herausklopfen).
5. Tretkurbel von Hand in einer drehenden Bewegung entfernen.

Keillose Tretkurbel auswechseln

Diese Beschreibung gilt auch für den Fall, daß eine oder beide Tretkurbeln für Tretlagerarbeiten entfernt werden müssen.

Erforderlich ist:
● je nach Fabrikat und Modell: Kurbelabzieher oder Inbusschlüssel

Arbeitsgang Entfernen:
1. Bei dem Modell mit Inbusschraube diese nach links drehen. Wenn sie sich gelockert hat, stößt sie von innen gegen den Einsatz der Tretkurbel und drückt so beim Weiterdrehen die Tretkurbel von der Achse ab (❼ Seite 43).
2. Bei anderen Modellen die Staubkappe entfernen, dann Mutter oder Bolzen mit dem Steckschlüsselteil des Kurbelabziehers entfernen.
3. Unterlegscheibe entfernen.
4. Kurbelabzieher mit zurückgeschraubtem Innenteil mindestens 5 Umdrehungen in die Einsparung der Tretkurbel einschrauben.
5. Innenteil des Kurbelabziehers einschrauben, während Sie die Tretkurbel gegenhalten. ❷ Dabei wird die Tretkurbel von der Achse abgezogen. Abzieher entfernen.

Arbeitsgang Anbringen:
1. Kontaktflächen der Achse und des Tretkurbellochs reinigen und leicht mit Vaseline einschmieren.
2. Tretkurbel in der korrekten Orientierung aufstecken (Tretkurbel mit Kettenblatt-

Abb. 1

Abb. 2

Befestigung rechts, d.h. kettenseitig; die zwei Tretkurbeln 180° zueinander versetzt).
3. Unterlegscheibe und Bolzen oder Mutter anbringen ❶ und mit dem Steckschlüssel des Kurbelabziehers festziehen.
4. Staubdeckel einschrauben.
5. Nach ca. 50 km den Bolzen oder die Mutter nachziehen.

Hinweis:
Falls die Tretkurbel zu weit auf die Achse gezogen wird (wo-

durch das Kettenblatt am rechten Hinterrohr schleift), ist bereits das Loch in der Tretkurbel zu sehr verformt. Ein improvisiertes Abstandsblech schafft Abhilfe, obwohl es besser wäre, die Tretkurbel zu ersetzen. Bei Tretlagern mit Rillenlagern läßt sich dieses Problem mitunter durch Einstellen der Position des Lagers im Tretlagergehäuse nach links oder rechts beheben. Dazu schraubt man die beidseitigen Konterringe, falls vorhanden, ein bzw. aus.

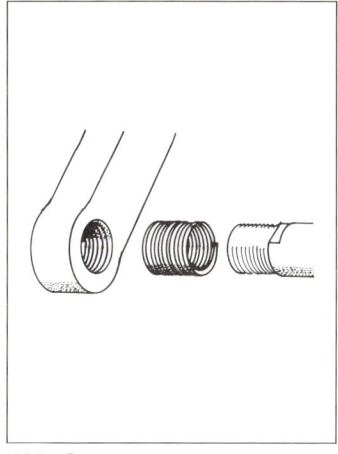

Abb. 3

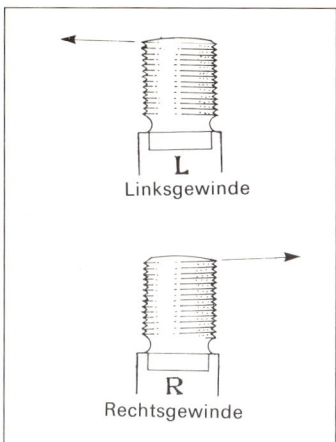

L
Linksgewinde

R
Rechtsgewinde

Abb. 4

2. Von der Schraubenschlüsselfassung an der Tretkurbelseite der Pedalachse aus abschrauben ❺: das rechte Pedal (kettenseitig) nach links, das linke Pedal nach rechts (Linksgewinde!).

Arbeitsgang Anbringen:
1. Prüfen, welches das linke und welches das rechte Pedal ist. Das rechte Pedal hat Rechtsgewinde und wird kettenseitig montiert. Das linke Pedal hat Linksgewinde (falls nicht mit R bzw. L markiert ❹).
2. Gewinde reinigen und leicht mit Vaseline einschmieren.
3. Das rechte Pedal (kettenseitig) nach rechts und das linke nach links einschrauben.
4. Nach 50 km nochmals festziehen.

Hinweise:
1. Es gibt zwei unterschiedliche Gewindenormen, die französische und die internationale Norm. Falls ein neues Pedal nicht richtig paßt, liegt das u.U. an einer Verwechslung der beiden Normen.
2. Falls das Gewinde in der Tretkurbel beschädigt ist oder der falschen Norm entspricht, kann es vom Fachmann ausgebohrt und mit einem Spiral-Gewindeeinsatz wieder brauchbar gemacht werden ❸.
3. Es gibt auch billige Pedale ohne Kugellager. Sie sind nicht einstellbar und müssen ersetzt werden, wenn sie nicht mehr richtig funktionieren.

Abb. 5

Die Pedale

Die Pedale werden zum Einstellen und Überholen an den Tretkurbeln belassen. Die Ein- und Ausbauanleitung gilt für das Ersetzen der Pedale oder einer verbogenen Pedalachse, was sich beim Treten durch Eiern bemerkbar macht.

Pedal ersetzen

Erforderlich ist:
● je nach Pedaltyp, Schraubenschlüssel, besonderer Pedalschlüssel, oder Inbusschlüssel

Arbeitsgang Entfernen:
1. Tretkurbel gegenhalten, z.B. indem man einen länglichen, festen Gegenstand so hinter die Kurbel und durch den Rahmen steckt, daß die Kurbel gesperrt wird.

Pedal einstellen

Diese Anleitung gilt nur für Pedale mit einstellbaren Kugellagern. Das Pedal muß nicht entfernt werden.

Erforderlich sind:
- Zange oder Spezialschlüssel für Staubdeckel
- Schraubenschlüssel
- kleiner Schraubendreher

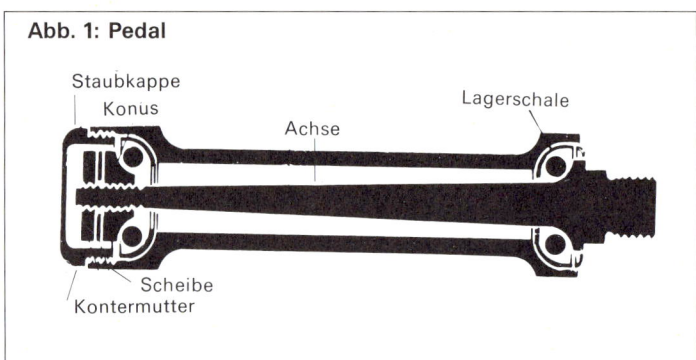

Abb. 1: Pedal

Staubkappe
Konus
Achse
Lagerschale
Scheibe
Kontermutter

Arbeitsgang:
1. Staubdeckel entfernen.
2. Kontermutter um ca. 2 Umdrehungen lockern ❷.
3. Unterlegscheibe anheben.
4. Konus mit dem Schraubendreher ein- oder ausschrauben.
5. Konus halten, während die Mutter festgeschraubt wird.
6. Prüfen: Pedal muß frei, jedoch ohne Spiel drehen. Falls erforderlich, nachstellen, dann Staubdeckel aufschrauben. Falls nicht richtig einstellbar, Pedal überholen.

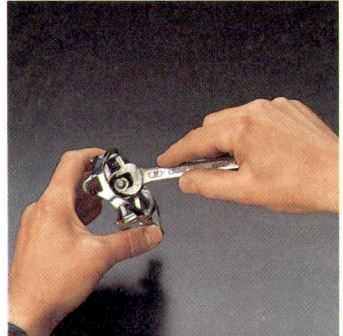

Abb. 2

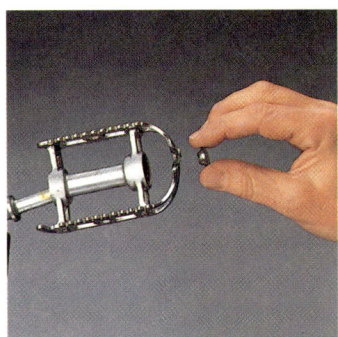

Abb. 3

Pedal überholen

Diese Anleitung gilt nur für Pedale mit einstellbaren Kugellagern. Das Pedal muß nicht entfernt werden.

Erforderlich sind:
- Zange oder Spezialschlüssel für Staubdeckel
- Schraubenschlüssel
- kleiner Schraubendreher
- Kugellagerfett
- Lappen

Abb. 4

Abb. 5

Arbeitsgang Ausbauen:
1. Staubdeckel entfernen.
2. Kontermutter entfernen ❷.
3. Unterlegscheibe entfernen.
4. Konus abschrauben.

5. Pedalgehäuse von der Achse abziehen, dabei die Kügelchen auffangen.

Arbeitsgang Überholen:
1. Sämtliche Teile reinigen und inspizieren.
2. Beschädigte Lagerteile ersetzen, ebenso

a) die Achse, falls verbogen;
b) die Unterlegscheibe, falls deren Nut so weit abgenutzt ist, daß sie nicht fest in der Rille der Achse sitzt;
c) die Kügelchen.
3. Lagerschalen mit Kugellagerfett ausfüllen und Kügelchen hineindrücken.

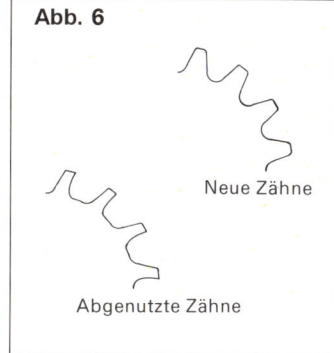

Abb. 6

Neue Zähne

Abgenutzte Zähne

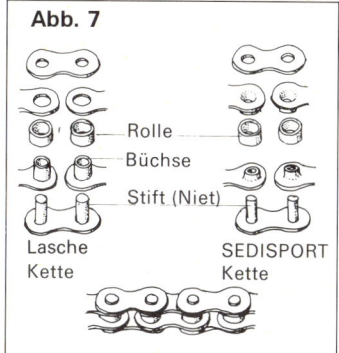

Abb. 7

Rolle
Büchse
Stift (Niet)

Lasche
Kette

SEDISPORT
Kette

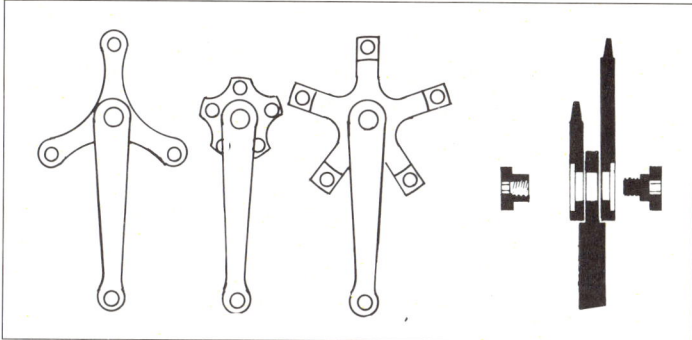

Abb. 8

Abb. 9

Die Kettenblätter

Das Kettenblatt muß von Zeit zu Zeit gereinigt werden. Falls die Zähne verbogen oder stark abgenutzt sind ❻, muß es ersetzt werden. Die Art der Befestigung an der rechten Tretkurbel ist entweder so wie auf Abbildung ❽, oder die beiden Teile sind permanent verbunden. Ist dies der Fall, wäre die rechte Tretkurbel mit dem Kettenblatt zu ersetzen.

Manchmal gelingt es, ein verbogenes Kettenblatt zu richten, das sich durch unregelmäßiges Schleifen am Hinterrohr bemerkbar macht. Das bewerkstelligt man mit geschicktem Hämmern (während das Kettenblatt an einer anderen Stelle abgestützt wird) oder durch Zurechtbiegen mit Hilfe eines keilförmigen Holzklötzchens, das in der auszubiegenden Stelle zwischen Hinterrohr und Kettenblatt geklemmt wird ❺. Einzelne Zähne können mit einem Rollgabelschlüssel ausgerichtet werden ❾, nachdem die Kettenblätter auseinandergeschraubt wurden ❹.

Die Kette

Es gibt zwei Kettentypen: bei Rädern ohne Kettenschaltung die breite Kette 1/2" x 1/8" mit Kettenschloß, und bei Rädern mit einer Kettenschaltung die schmale Kette 1/2" x 3/32" ohne Kettenschloß. Ob eine Kette ersetzt werden muß, entscheidet das Ausmaß der durch Verschleiß verursachten Verlängerung. Regelmäßiges Reinigen und Schmieren fördern den leichten Lauf und beschränken

4. Pedalgehäuse mit dem Staubdeckelgewinde nach außen auf der Achse anbringen ❸. Dabei achtgeben, daß Sie keine Kügelchen verlieren.
5. Konus aufschrauben.
6. Scheibe mit der Nut in der Rille der Achse anbringen.
7. Kontermutter aufschrauben, wobei der Konus nicht mitdrehen darf (falls er das tut, Scheibe ersetzen).
8. Prüfen und gegebenenfalls nachstellen.
9. Nach ca. 100 km nochmals nachstellen.

den Verschleiß sowohl der Kette als auch der Kettenblätter und Ritzel.

Wenn die Kette sich um mehr als rund 2 % verlängert hat, sollte sie ersetzt werden. Das läßt sich am besten dadurch feststellen, daß die Kette entfernt wird. 50 Glieder dürfen eine Gesamtlänge von 65 cm nicht überschreiten. Man kann davon ausgehen, daß eine Kette, die sich vorne um mehr als 3 mm vom Kettenblatt abheben läßt ❼, ersetzt werden muß. Die Länge der neuen Kette richtet sich nach der Gliederzahl, nicht nach der gemessenen Länge der alten Kette!

Abb. 1

Kette mit Kettenschloß

Zum Reinigen und Schmieren muß die Kette entfernt werden. Um das Kettenschloß auch später leichter zu finden, kann man es farbig markieren. Bevor mit der Arbeit begonnen wird, muß bei einem Hollandrad der Kettenkasten geöffnet oder entfernt werden (siehe Seite 101).

Erforderlich sind:
- kleiner Schraubendreher
- kleine Zange
- Reinigungsmittel (z.B. Petroleum oder Terpentin mit einer Beimischung von ca. 5 % Mineralöl)
- Pinsel
- Lappen
- Kettenschmiermittel

Arbeitsgang Entfernen:
1. Die äußere Sprenglasche des Kettenschlosses aufsperren und entfernen.
2. Die unter der Sprenglasche liegende Aufstecklasche abheben.

Abb. 2

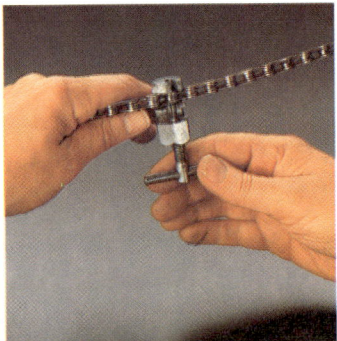

Abb. 3

3. Glied nach innen herausdrücken, dabei die zwei Kettenenden halten.

Arbeitsgang Wartung:
1. Kette in Reinigungsmittel ausspülen; dabei mit einem Pinsel zwischen den Gliedern reinigen ❶.
2. In sauberem Reinigungsmittel nachspülen und gleich darauf abtrocknen.
3. Die Kette kann jetzt geschmiert werden (oder Sie machen diese Arbeit erst, wenn die Kette montiert

ist. Dazu Spezial-Kettenschmiermittel zwischen die Glieder sprühen ❷).

Arbeitsgang Auflegen:
1. Kette um Kettenblatt und Ritzel legen; falls erforderlich, durch Entfernen oder Zufügen einzelner Gliederpaare auf die richtige Länge bringen (siehe Beschreibung »Kette ohne Kettenschloß« unten).
2. Das offene Glied des Kettenschlosses von links nach rechts einstecken, um die

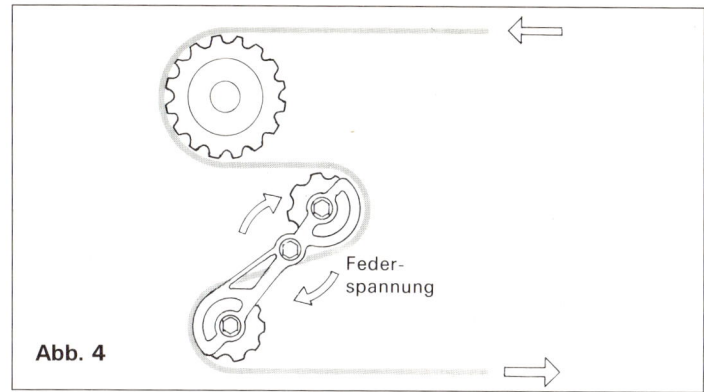

Feder-
spannung

Abb. 4

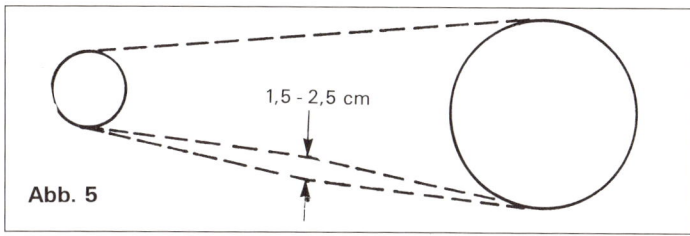

1,5 - 2,5 cm

Abb. 5

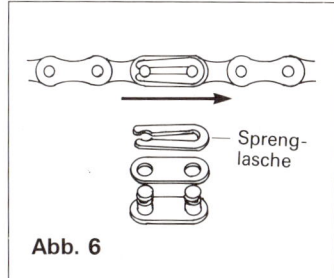

Sprenglasche

Abb. 6

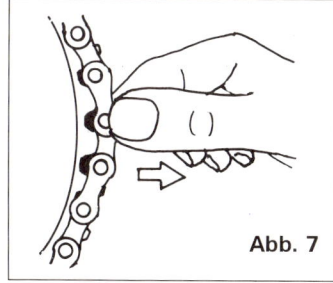

Abb. 7

Erforderlich sind:
● Spezialwerkzeug: Kettennietendrücker
● Reinigungsmittel (z.B. Petroleum oder Terpentin mit einer Beimischung von ca. 5 % Mineralöl)
● Pinsel
● Lappen
● Kettenschmiermittel

Arbeitsgang Entfernen:
1. Kettennietendrücker auf ein Kettenniet aufsetzen ❸ und so weit eindrehen, daß der Stift des Werkzeugs den Niet berührt.
2. Werkzeug und Kette festhalten, während der Hebel eingeschraubt wird: 6 Umdrehungen für die schmale Kette, 7½ für die breite (jedenfalls so, daß der Niet nicht völlig herausgedrückt wird).
3. Werkzeug zurückdrehen und entfernen.
4. Kettenteile durch leichtes Verwinden trennen und die Kette entfernen.

Vorgang Wartung:
Hierbei geht man genauso vor wie unter »Kette mit Kettenschloß« beschrieben.

Enden der Kette zu verbinden.
3. Aufstecklasche aufstecken.
4. Sprenglasche so anbringen, daß das geschlossene Ende in die Antriebsdrehrichtung der Kette zeigt ❻.
5. Kettenspannung durch Verschieben des Hinterrades (siehe Seite 56) anpassen: in der Mitte muß es möglich sein, die Kette 1,5–2,5 cm auf und ab zu bewegen ❺.

Kette ohne Kettenschloß

Diese Anleitung trifft z.T. auch für den Fall zu, daß eine Kette durch Entfernen bzw. Einfügen von Kettengliederpaaren verlängert oder verkürzt werden muß. Bei einem Rad mit Kettenschaltung ist zuerst der Gang einzulegen, bei dem die Kette auf dem kleineren Kettenblatt und dem kleinsten Ritzel liegt.

Arbeitsgang Auflegen:
1. Die Länge der Kette wird bestimmt, indem sie über das größere Kettenblatt und das größte Ritzel gelegt, durch den Kettenblatt-Umwerfer und – siehe Abbildung ❹ – die Rädchen des Schaltsegmentes geführt wird, wobei dieses noch leicht einfedern muß. Falls erforderlich, einzelne Gliederpaare entfernen bzw. hinzufügen.

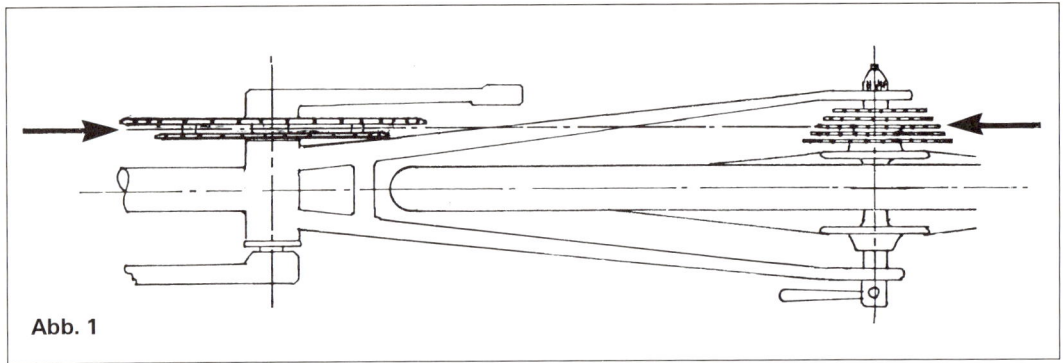

Abb. 1

2. Den gelösten Niet in das freie Gliedende stecken, Nietendrücker aufsetzen und den Niet vorsichtig hineindrücken, bis er auf beiden Seiten gleich weit herausragt.

3. Durch Hin- und Herbiegen die eben verbundenen Glieder lockern.

4. Falls die Kette beim Fahren auf das kleinste Ritzel springt oder rutscht (kommt häufig vor, wenn eine neue Kette mit einem alten Ritzel kombiniert wird), muß auch das betreffende Ritzel oder der Zahnkranz ersetzt werden (siehe Seite 92).

Kettenflucht

Die Übertragung der Antriebskräfte ist am wirksamsten, wenn die Kette genau fluchtet, d.h., wenn Kettenblatt und Ritzel genau in einer Flucht liegen ❶. Bei der Zehngang-Kettenschaltung wird dies annähernd erreicht, indem Sie sicherstellen, daß der Punkt mitten zwischen den Kettenblättern genau mit dem mittleren Ritzel fluchtet.

Diese Einstellung wird angepaßt, indem man Zwischenlegscheiben am Hinterrad einlegt oder, beim Rad ohne Kettenschaltung, z.B. ein flaches Ritzel durch ein entsprechend versetztes Modell ersetzt. In seltenen Fällen deutet eine Abweichung auf eine Verwindung des Rahmens (siehe Seite 22).

Die Laufräder

Jedes Laufrad besteht aus einer Nabe, einem Satz Speichen und einer Felge, auf die der Reifen montiert ist. Die anfallenden Arbeiten werden hier nach Einzelteilen geordnet aufgeführt. Zusätzlich gibt es jedoch Arbeiten, die das Laufrad als Ganzes betreffen: neben dem Ein- und Ausbauen auch das Richten eines verformten Rades sowie das Einspeichen, um Nabe, Speichen oder Felge zu ersetzen.

Die Reifen

Der Fahrradreifen besteht aus Schlauch und Decke. Beim Rennrad wird ein rundum vernähter sog. Schlauchreifen benutzt, der auf die Felge gekittet wird. An dieser Stelle jedoch soll nur der gängige Drahtreifen, also der mit separatem Schlauch behandelt werden. Beachten Sie auch die drei Ventiltypen ❷. Für das Dunlop-Ventil gibt es Einsätze mit Gummischlauch und sog. Blitzventile, die leichter aufzupumpen, dafür aber auch störungsanfälliger sind.

Abbildung ❸ zeigt, wie die nominalen Abmessungen eines Reifens bestimmt werden. Nennen Sie beim Kauf eines neuen Reifens immer die ETRTO-Angabe, weil sie genauer ist als die Zoll-Angabe. Felge und Reifen müssen zueinander passen: die Dreiziffernummern (z.B. 622 für das 28-Zollrad) auf Reifen und Felge müssen übereinstimmen. Schläuche sind da flexibler. Der gleiche Schlauch paßt meistens zu mehreren Reifengrößen.

Reifen flicken

Oft ist es nicht erforderlich, hierzu das Laufrad auszubauen. Vor allem bei einem Hinterrad mit Rücktritt (insbesondere beim Hollandrad) und bei jedem anderen Rad mit Naben- oder Gestängebremse ist das sogar zu vermeiden: einfach das Fahrrad umkehren und so arbeiten.

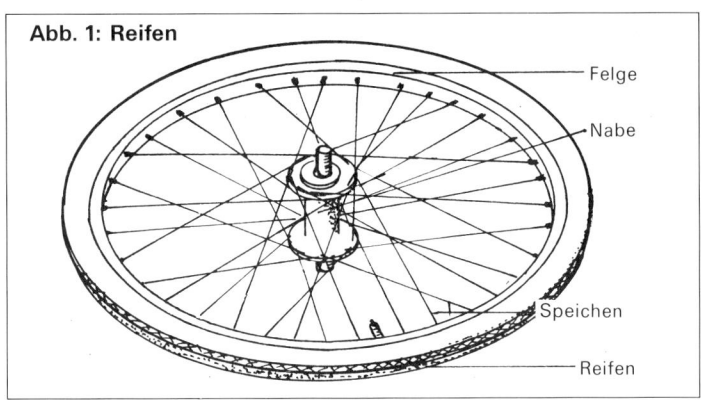

Abb. 1: Reifen

Felge
Nabe
Speichen
Reifen

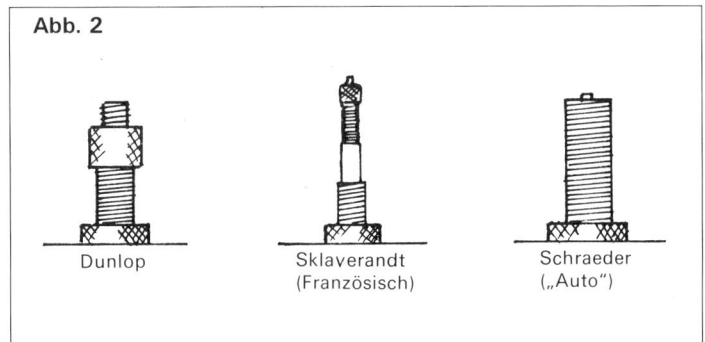

Abb. 2

Dunlop

Sklaverandt (Französisch)

Schraeder („Auto")

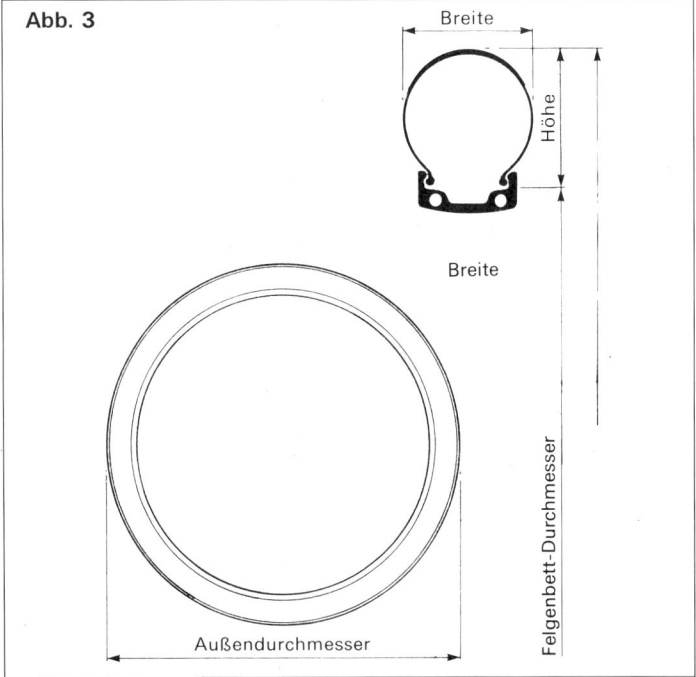

Abb. 3

Breite

Höhe

Breite

Felgenbett-Durchmesser

Außendurchmesser

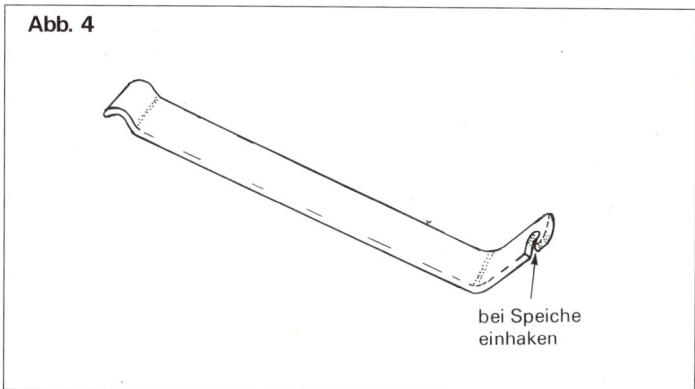

Abb. 4

bei Speiche
einhaken

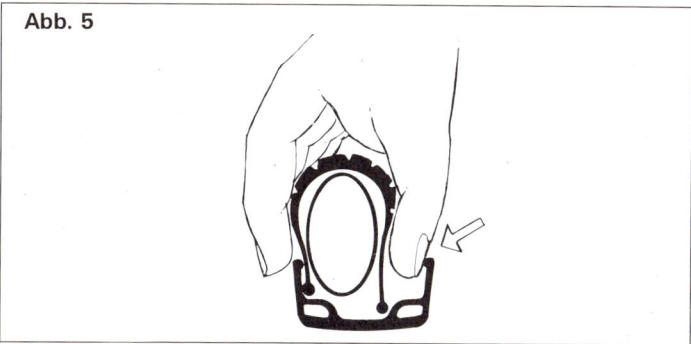

Abb. 5

Abb. 6

Erforderlich sind:
- 3 Reifenheber ❹
- Flickzeug (Flicken, Gummilösung, Schmirgelpapier)
- Luftpumpe

Arbeitsgang:
1. Ventil genau nachprüfen, manchmal entweicht hier Luft. Falls erforderlich, zuschrauben oder das Innere (eventuell nur den Gummischlauch eines Dunlop-Ventils) ersetzen und aufpumpen. Falls das Poblem noch nicht behoben ist,
2. Reifendecke ringsherum inspizieren; dabei etwaige Dornen, Nägel oder Glassplitter entfernen und die Stellen markieren.
3. Verbliebene Luft ausströmen lassen, Ventil aufschrauben (beim Sklaverandt und Autoventil den Stift eindrücken), Mutter entfernen.
4. Ventilgehäuse nach innen drücken und Reifendecke einseitig über den ganzen Umfang in die (tiefere) Mitte der Felge zwängen ❺. Beim Hinterrad macht man das auf der der Kette gegenüberliegenden Seite.
5. Das längere Ende eines Reifenhebers etwa diametral zum Ventil unter der Reifendecke einstecken und die Decke abheben, wobei das andere Ende bei einer Speiche eingehakt wird ❻.
6. Ca. 10 cm weiter den zweiten und 10 cm in der anderen Richtung den dritten Reifenheber ansetzen. Der erste Reifenheber kann jetzt leicht entfernt und die Decke über den Felgenrand geführt werden.

7. Falls erforderlich, mit dem gerade freigewordenen Reifenheber wiederholen, bis die ganze Seite des Reifens über die Felge geführt werden kann ❶.

8. Angefangen beim Ventil, den Schlauch herausziehen.

9. Bei Dunlop- oder Blitzventilen, Ventil montieren und Schlauch aufpumpen.

10. Beobachten, wo Luft austritt und die Stelle oder Stellen markieren. Falls Luft nicht hörbar austritt, entweder den Schlauch langsam am Auge vorbeiführen oder nach und nach in Wasser tunken: wo Luftblasen austreten, ist ein Loch.

11. Falls erforderlich, abtrocknen und die schadhafte Stelle über eine Fläche, die etwas größer ist als der Flicken, abschmirgeln und trocken abwischen.

12. Gummilösung gleichmäßig und dünn auftragen; etwa 3 Minuten trocknen lassen.

13. Abdeckfolie vom Flicken abziehen und den Flicken fest auf die eingeschmierte Stelle drücken ❷. Transparentfolie belassen.

14. Schlauch leicht Aufpumpen und prüfen, ob jetzt nirgends mehr Luft austritt.

15. Innenseite der Reifendecke und Felgenbett prüfen. Alles, was den Schlauch beschädigen könnte, entfernen. Ausragende Speichenenden abfeilen und mit Felgenband abdecken.

16. Luft ablassen und bei einem Dunlop- oder Blitzventil den Einsatz entfernen.

17. Ventil von innen einstecken und von außen die Mutter, falls vorhanden, aufschrauben.

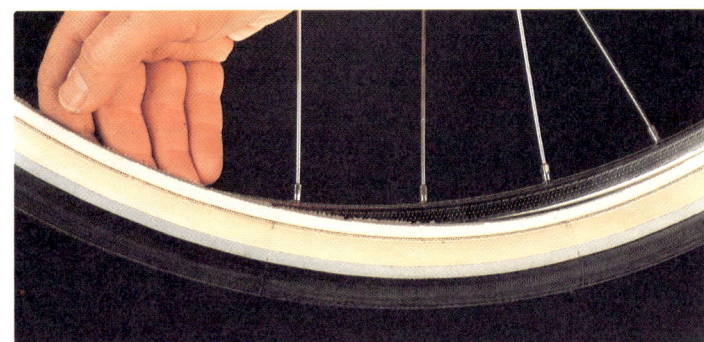

Abb. 1

Abb. 2

Abb. 3

18. Ganz leicht aufpumpen und Schlauch unter die Decke in das Felgenbett legen.

19. Reifendecke von Hand über den Felgenrand ziehen, dabei den bereits aufgelegten Teil jeweils in die tiefere Mitte des Felgenbetts drücken. Bei dieser Arbeit fängt man ca. 30 cm rechts oder links vom Ventil an und arbeitet in die entgegengesetzte Richtung, bis beiderseits des Ventils 30 cm verbleiben.

20. Luft ablassen, Decke in das tiefe Teil der Felge zwingen und, von beiden Seiten gleichzeitig zum Ventil hin arbeitend ❸, auch dieses Stück aufziehen. Dabei keinen Reifenheber benutzen!

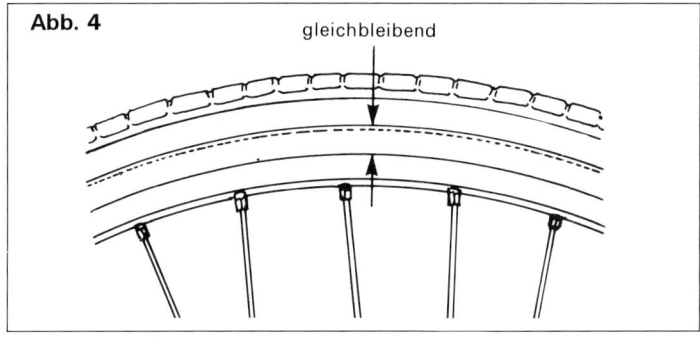

Abb. 4

gleichbleibend

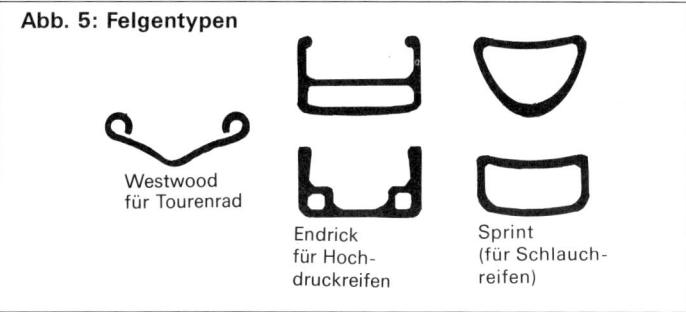

Abb. 5: Felgentypen

Westwood
für Tourenrad

Endrick
für Hoch-
druckreifen

Sprint
(für Schlauch-
reifen)

21. Ventil noch einmal in die Felge hochdrücken, damit der Reifen auch an dieser Stelle richtig sitzt, dann wieder festschrauben.
22. Schlauch leicht aufpumpen und den Reifen hin und her drücken, bis Sie sicher sind, daß der Schlauch nicht eingeklemmt ist und die Decke konzentrisch zur Felge liegt (Abstand von Felgenrand zur Ringmarkierung vergleichen! ❹).
23. Noch einmal die Luft ablassen und anschließend fest aufpumpen.
24. Vergessen Sie nicht, geänderte Einstellungen zu korrigieren und gelöste Teile wieder anzumontieren.

Reifendecke oder Schlauch ersetzen

Wenn eine Reparatur nicht mehr möglich ist, weil der Schlauch am Ventil Luft durchläßt oder mehrmals an einer Stelle geflickt wurde, ist der ganze Schlauch zu ersetzen. Auch eine Decke mit einem Loch oder Riß muß ersetzt werden. Das Felgenband, das den Schlauch vor Beschädigung durch die Speichenenden schützt, muß erneuert werden, wenn es gerissen ist. Normalerweise wird dazu das Rad ausgebaut, aber sogar diese Arbeit kann, beispielsweise beim Hinterrad eines Hollandrads, an dem das Ausbauen beschwerlich ist, am montierten Rad vorgenommen werden.
Zum Abnehmen der Decke werden die entsprechenden Punkte der Anleitung »Reifen flicken« befolgt. Anschließend entweder den Schlauch herausziehen (wenn dieser ersetzt werden soll) oder auch die andere Seite der Decke über die Felge ziehen, falls die Decke ersetzt werden soll.
Beim Hinterrad macht man diese Arbeit auf der der Kette entgegengesetzten Seite. Bremshebelbefestigung und Achsenmutter auf dieser Seite entfernen. Schlauch, Decke oder Felgenband bis an die Radachse heranführen. Hinterbau des Fahrradrahmens kräftig aufspreizen und zugleich das auszutauschende Teil durchführen. Es gibt für diese Arbeit zwar ein Spezialwerkzeug (Spreizzange), aber es geht auch so.

Die Felge

Eine beschädigte Felge muß meistens ersetzt werden, insbesondere wenn eine Felgenbremse auf das Rad wirkt. Wählen Sie dann möglichst eine Felge aus Aluminium, weil diese bei Nässe eine bessere Bremsleistung gewährleistet als eine Stahlfelge, ganz abgesehen von den Gewichtsvorteilen. Ebenfalls zur Verbesserung der Bremswirkung müssen die Felgenflanken saubergehalten werden.
Das nominelle Maß der Felge muß mit dem des Reifens übereinstimmen. Die Dreiziffernummer der ETRTO-Angabe muß für beide gleich sein. Die Zweiziffernummer muß für die Felge niedriger sein als für den Reifen. Die Zahl der Speichenlöcher muß mit der der Nabe übereinstimmen. Für das Auswechseln der Felge ist die Anleitung »Laufrad einspeichen«, Seite 62 f., zu befolgen.

Die Nabe

Das hier Gesagte gilt im Prinzip für jeden beliebigen Nabentyp. Besondere Naben mit eingebauter Bremse oder Gangschaltung werden jedoch auf den Seiten 74-77 und 79-82 behandelt. Abbildung ❶ zeigt den Aufbau einer einfachen Nabe, die nur ersetzt werden kann, indem das ganze Laufrad neu eingespeicht wird.

Die Nabe – und damit das ganze Laufrad – wird entweder mit auf die Achse geschraubten Muttern oder mit einem Schnellspannhebel im Fahrradrahmen bzw. in der Gabel gehalten. Je nach Nabentyp geht man beim Ein- und Ausbauen des Laufrads wie folgt vor:

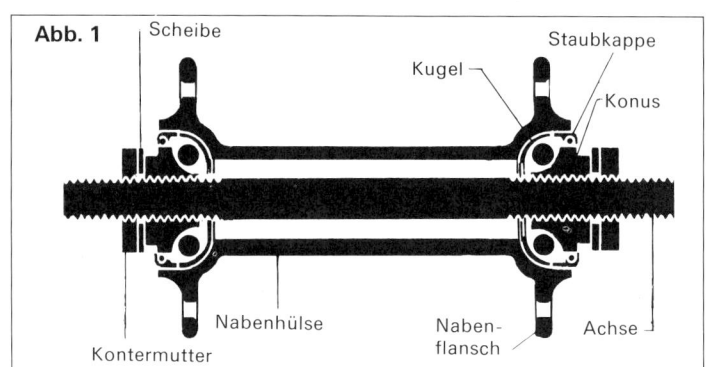

Abb. 1 — Scheibe, Kugel, Staubkappe, Konus, Nabenhülse, Nabenflansch, Achse, Kontermutter

Rad mit Achsenmuttern

Beim Hinterrad eines Hollandrads ist vorher der Kettenkasten zumindest im hinteren Bereich zu lösen oder zu entfernen. Überlegen Sie sich in diesem Fall jedoch vorher, ob das Rad wirklich ausgebaut werden muß. Beim Reifenflicken ist das nämlich nicht nötig. Falls das Rad eine Kettenschaltung hat, legen Sie den Gang mit kleinstem Ritzel und kleinem Kettenblatt ein.

Erforderlich sind:
● Schraubenschlüssel
● für das Hinterrad: Lappen, Schraubendreher

Arbeitsgang Ausbau:
1. Bei einem Rad mit Nabenbremse die Befestigung des Bremshebels entfernen, bei

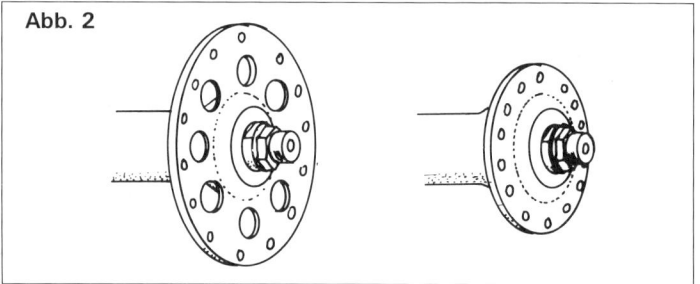

Abb. 3 — Radhalterung, Achsenmutter mit integrierter Scheibe

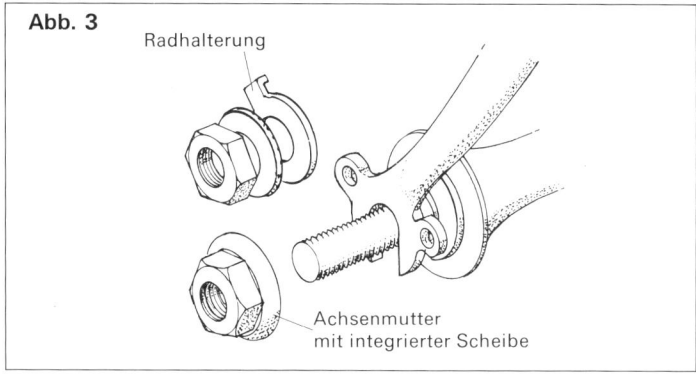

Abb. 4 — Kontermutter (Stellmutter), Hebel

Abb. 5

Abb. 6

Abb. 7

einem Rad mit Nabenschaltung die Verbindung zum Schaltseil lösen. Bei einem Rad mit Gestängebremse das Gestänge, bei einem mit Trommelbremse das Bremskabel lösen. Bei dem Hinterrad eines Hollandrads die beidseitigen Kettenspanner lockern.

2. Beide Achsenmuttern um ca. 4 Umdrehungen lockern – bei einem Vorderrad mit

Radhalterungen in der Gabel so weit, daß diese gelöst werden können ❸ ❺.

3. Bei einem Hinterrad die Kette zurückhalten und das Rad nach vorne schieben, bis die Kette abgenommen werden kann.

4. Das Rad herausnehmen. Falls es sich nicht durch die Felgenbremse führen läßt, diese entspannen oder Luft aus den Reifen lassen.

Arbeitsgang Einbau:

1. Muttern, Scheiben und etwaige Radhalterungen zu den Achsenden führen, jedoch nicht entfernen.

2. Bei einem Rad mit Kettenschaltung diese so einstellen, daß die Kette vorne auf dem kleineren Kettenblatt liegt und hinten auf das kleinste Ritzel gelegt werden kann.

3. Achse in die Ausfallenden von Rahmen oder Gabel schieben. Bei einem Hinterrad die Kette um das Ritzel legen (Kettenschaltung: kleinstes Ritzel, dabei das Schaltsegment zurückhalten ❻ und die Kette nach Abbildung ❹ auf Seite 49 führen). Falls erforderlich, Bremse entspannen oder Reifenluft ausströmen lassen.

4. Bei einem Hollandrad zuerst die Kette neben das Ritzel legen, danach die Achse nach vorne schieben und zuletzt die Kette auf das Ritzel legen.

5. Rad ausrichten und Kettenspannung einstellen (siehe Seite 49).

6. Achsenmutter anziehen, dabei das Rad ausgerichtet halten. Bei einer Nabenbremse den Bremshebel

befestigen. Brems- und Schaltzüge befestigen und einstellen.

Rad mit Schnellspanner

Abbildung ❹ zeigt die Teile des Schnellspanners. Die Spiralfedern werden beidseitig in der gezeigten Orientierung installiert. Die Kontermutter ist lediglich eine Stellmutter. Sie darf zum Festziehen bzw. Lockern des Rads nicht benutzt werden. Nach dem richtigen Einstellen der Kontermutter wird das Rad verriegelt oder gelockert, indem der Schnellspannhebel umgelegt wird ❼.

Erforderlich ist:
● für das Hinterrad: Lappen

Arbeitsgang Ausbau:

1. Vorbereitung wie oben für Rad mit Achsenmuttern.

2. Schnellspannhebel in die offene Position umlegen. Falls das Rad damit noch nicht ausreichend gelockert ist, die Kontermutter von Hand um 1–2 Umdrehungen lockern.

3. Weiterer Ausbau wie oben für Rad mit Achsenmuttern.

Arbeitsgang Einbau:

1. Vorbereitung wie oben für Rad mit Achsenmuttern.

2. Schnellspannhebel in die offene Position stellen. Falls erforderlich, Kontermutter (mit dem Hebel in offener Position) etwas lockern oder fester ziehen.

3. Weiterer Einbau wie oben für Rad mit Achsenmuttern.

Nabe einstellen

Diese Arbeit läßt sich auch durchführen, ohne das Laufrad auszubauen. Dann muß jedoch zuerst die Achsenmutter auf der einzustellenden Seite oder der Schnellspanner gelockert werden. Falls die Nabe sich nicht so einstellen läßt, daß sich das Rad frei und ohne Spiel ❻ dreht, muß die Nabe überholt oder ersetzt werden. Nichteinstellbare Naben mit festen Kugellagern müssen vom Fachmann überholt werden.

Erforderlich sind:
● 2 Konusschlüssel ❷ (je nach Fabrikat der Nabe werden unterschiedliche Maße gebraucht)
● Schraubenschlüssel

Arbeitsgang:
1. Kontermutter ❶ ❸ um ca. 1 Umdrehung lockern.
2. Scheibe anheben.
3. Konus nach rechts fester oder nach links lockerer stellen ❹. Zum Lockern den Konus der anderen Seite und zum Festziehen die Kontermutter der anderen Seite gegenhalten (nur wenn das Laufrad einseitig im Rahmen oder in der Gabel festsitzt, brauchen Sie dabei nicht gegenzuhalten).
4. Konus gegenhalten, damit er nicht mitdreht, und Kontermutter festziehen ❸.
5. Prüfen und nötigenfalls nachstellen. Nicht vergessen, das Rad wieder richtig einzuspannen.

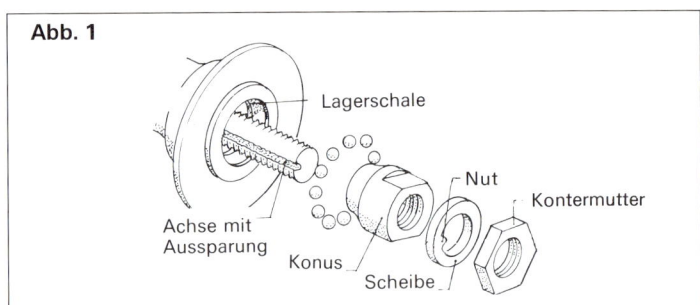

Abb. 1

Lagerschale

Nut

Kontermutter

Achse mit Aussparung

Konus

Scheibe

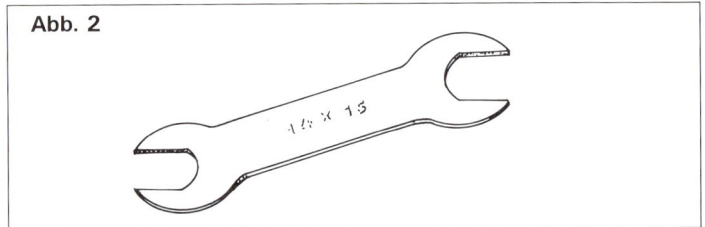

Abb. 2

Abb. 3

Abb. 4

Nabe überholen

Das Überholen der Nabe empfiehlt sich mehr als das Ersetzen, weil dazu das ganze Laufrad neu eingespeicht werden müßte. Allerdings sind Ersatzteile für manche Nabentypen nicht erhältlich. Zuvor muß das Laufrad ausgebaut sein. Es gibt vereinzelt auch Naben mit festen Kugellagern, die nur vom Fachmann überholt werden können.

Erforderlich sind:
● 2 Konusschlüssel
● Schraubenschlüssel
● Lappen
● Reinigungsmittel (z.B. Petroleum oder Terpentin mit einer Beimischung von ca. 5 % Mineralöl)
● Kugellagerfett

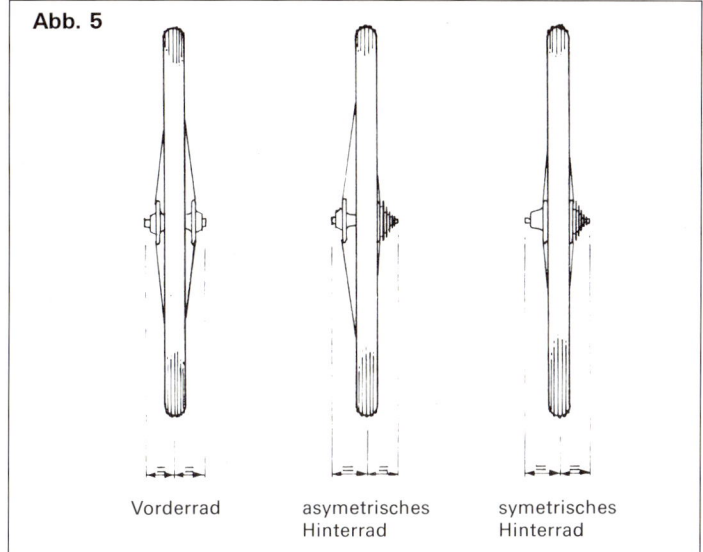

Abb. 5

Vorderrad   asymetrisches   symetrisches
             Hinterrad   Hinterrad

che rollen und dabei genau beobachten. Eine gebogene Achse muß ersetzt werden.

3. Alle Teile nochmals reinigen und einfetten Lagerschalen mit Fett ausfüllen.
4. Kügelchen in die Lagerschalen eindrücken.
5. Achse mit Konus und Kontermutter auf einer Seite einstecken; dabei aufpassen, daß Sie die Kügelchen nicht verlieren.
6. Den zweiten Konus aufschrauben ❼, Scheiben auflegen, Kontermutter locker aufschrauben ❶.
7. Lager einstellen und Kontermutter festziehen, dabei am Konus der gleichen Seite gegenhalten. Beim Festziehen des Konus den anderen Konus, beim Lockern des Konus die Kontermutter der anderen Seite gegenhalten.
8. Nach ca. 100 km nochmals nachstellen.

Hinweis:
Falls die Nabe nur einseitig einstellbar ist (einseitig fester Konus), montieren Sie das einstellbare Lager auf die linke Seite des Fahrrads.

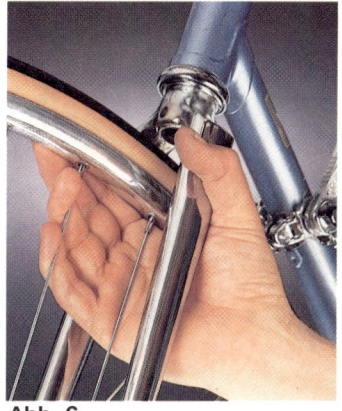

Abb. 6

Abb. 7

Arbeitsgang Ausbau:
1. Auf einer Seite Konus gegenhalten und Kontermutter abschrauben ❸.
2. Scheibe abheben und Konus abschrauben ❼.
3. Kügelchen auffangen, während die Achse mit dem anderen Konus und der Kontermutter herausgezogen wird.

Arbeitsgang Überholen:
1. Alle Teile reinigen und prüfen. Beschädigte oder angerostete Lagerteile sowie die Kügelchen ersetzen. Lagerschalen nur vom Fachmann ersetzen lassen. Die Scheibe muß ersetzt werden, wenn ihre Nut nicht ausreichend Halt in der Rille der Achse hat, um sie gegen Mitdrehen zu sperren.
2. Die Achse auf Verbiegung prüfen, indem Sie sie langsam über eine gerade Flä-

Die Speichen

Laufrad richten

Wenn das Rad eiert, einen Achter hat oder nicht mittig zentriert ist ❺ (d.h. die Laufräder fluchten nicht, obwohl Rahmen und Vordergabel in Ordnung sind), kann es meistens durch Nachstellen der Speichenspannung gerichtet werden. Falls einzelne Speichen gebrochen sind, müssen diese vorher ersetzt werden.

Erforderlich sind:
- Speichenschlüssel ❶
- falls mittig zentriert werden muß: langes Metall-Lineal und Holzklötzchen

Vorgang:
1. Stellen Sie fest, welche Art von Abweichung vorliegt. Laufrad langsam drehen und dabei prüfen, ob es sich um einen Seitenschlag (Rad geht scheinbar hin und her) oder Hochschlag (Rad geht scheinbar rauf und runter) handelt. Als Bezugspunkt beim Drehen betrachten Sie dazu die Stelle, an der die Felge die Felgenbremse passiert. Bei einem Rad ohne Felgenbremse halten Sie einen Stift oder den Daumen an dieser Stelle. Bestimmen Sie den genauen Bereich der Abweichung und markieren Sie diesen auf dem Reifen mit Kreidepfeilen o.ä.
2. Bei einem Seitenschlag ❷ sind im Bereich der Abweichung die Nippel der Speichen, die zum Nabenflansch der gleichen Seite hin verlaufen, in mehreren Durchgängen allmählich (jeweils nur um 1/2 Umdrehung) zu lockern, die zum anderen Nabenflansch verlaufenden fester anzuziehen ❸ ❼. An der Stelle, wo die Abweichung am größten ist, sind schrittweise mehrere Umdrehungen erforderlich; dort, wo die Abweichung geringer ist, vielleicht nur eine halbe Umdrehung.
3. Bei einem Hochschlag ❹ sind im Bereich der Abflachung die Nippel sämtlicher Speichen in mehreren Durchgängen nach und nach zu lockern, während sie im

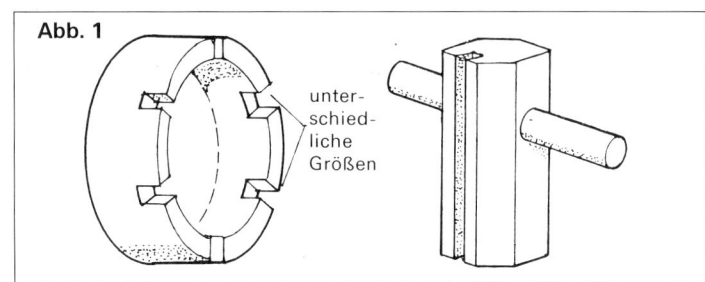

Abb. 1

unter-schied-liche Größen

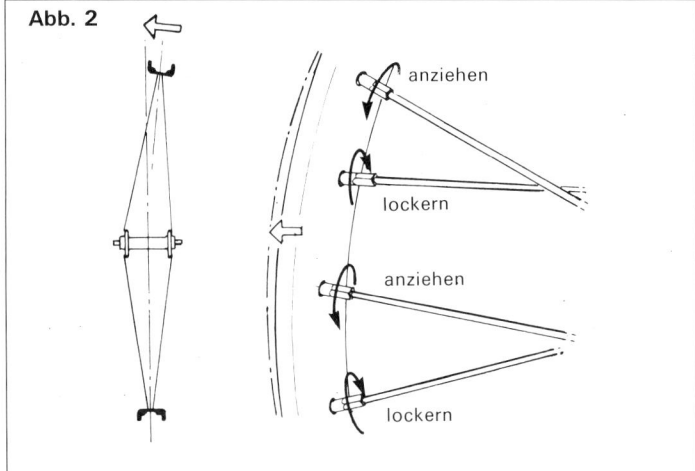

Abb. 2

anziehen

lockern

anziehen

lockern

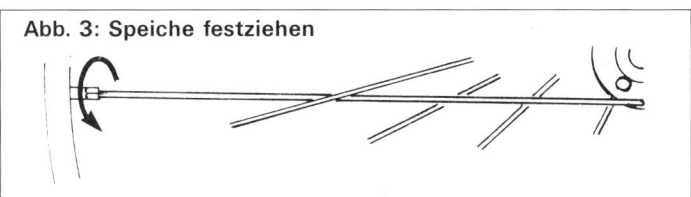

Abb. 3: Speiche festziehen

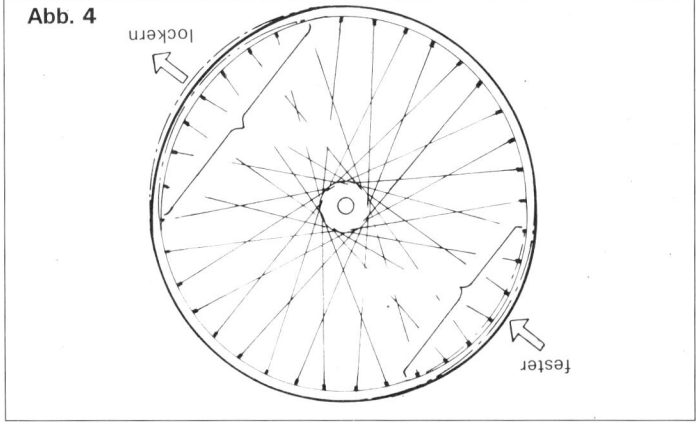

Abb. 4

lockern

fester

Abb. 5

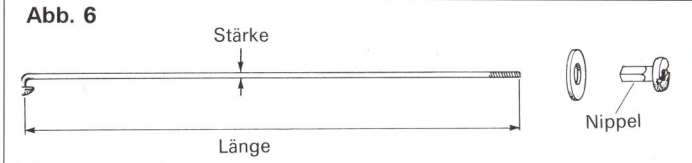

Abb. 6

Stärke

Länge

Nippel

Abb. 7

erhöhten Teil auf die gleiche Weise angespannt werden. Dort, wo die Abweichung am größten ist, sind schrittweise ziemlich viele Umdrehungen erforderlich, wo die Abweichung geringer ist, möglicherweise nur eine.

4. Bei einem nicht richtig mittig zentrierten Rad sind sämtliche Speichen in mehreren Durchgängen auf der einen Seite schrittweise zu lockern und auf der anderen Seite festzuziehen.

Hinweis:
Ob ein Laufrad mittig zentriert ist (❺ Seite 59), läßt sich am ehesten feststellen, indem man es ausbaut und nach Abbildung ❺ den Höhenunterschied zwischen Felgenseite und Kontermutter beidseitig an mehreren Punkten im Umkreis vergleicht. Das Lineal muß absolut gerade und die Klötzchen gleich hoch sein. Statt eines langen Lineals kann man sich auch einen Bogen basteln.

Speichen ersetzen

Weil die Speichen nur als gesamtes Geflecht ihrer Funktion als Träger des Laufrads gerecht werden, ist eine gebrochene Speiche möglichst sofort zu ersetzen. Es lohnt sich, Speichen und Nippel der erforderlichen Länge (siehe Abbildung ❻ für Maßfeststellung) und Stärke vorrätig zu haben. Meistens genügt es, die neue Speiche mit dem alten Nippel zu installieren. Falls jedoch der Nippel beschädigt ist oder Speiche und Nippel sich wegen Rosts nicht lösen lassen, müssen Reifendecke, Schlauch und Felgenband entfernt oder angehoben werden, damit der Nippel ersetzt werden kann ❶. Die am schwersten belasteten Speichen – die deshalb auch am ehesten brechen – sind die der Kettenseite des Hinterrads. Um diese Speichen zu ersetzen, muß bei einem Rad mit Kettenschaltung der Zahnkranz, bei einem Rad ohne Kettenschaltung häufig (jedoch nicht immer) das Ritzel entfernt werden (siehe Seite 82 bzw. 92).

Erforderlich sind:
● Speichenschlüssel
● Vaseline

Arbeitsgang:
1. Alte Speichenteile entfernen, das äußere Ende aus dem Nippel herausschrauben oder Nippel ersetzen.
2. Feststellen, wie die Speiche verlaufen soll. Das Speichenmuster wiederholt sich bei jeder vierten Speiche. Kontrollieren Sie dabei, ob der Kopf der Speiche innen oder außen liegen soll, in welcher Richtung die Speiche verläuft und wie sie die anderen Speichen kreuzt.
3. Das Gewindeende in Vaseline tunken. Die Speiche nach dem Vorbild einer ähnlich verlaufenden Speiche »einflechten« und locker im Nippel festsetzen.
4. Nippel anspannen, bis die gleiche Spannung erreicht ist wie in den vorhandenen Speichen (❼ Seite 61).
5. Laufrad richten und nötigenfalls Spannung aller Speichen erhöhen, denn ungenügende Speichenspannung ist ein häufiger Grund für Speichenbruch und sonstige Laufradprobleme.

Abb. 1

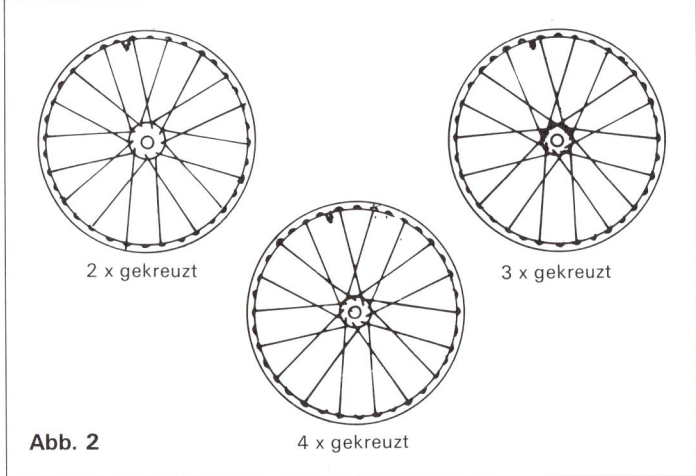

2 x gekreuzt

3 x gekreuzt

Abb. 2   4 x gekreuzt

Laufrad einspeichen

Wenn die Nabe oder die Felge ersetzt wird, muß das Laufrad neu eingespeicht werden. Diese Arbeit ist für den Ungeübten sehr zeitraubend. Wer es eilig hat, überläßt sie deshalb besser dem Fachmann. Am einfachsten ist es, eine Felge durch eine neue des gleichen Typs zu ersetzen. Das geht aber nur, wenn die Felge tatsächlich gleich ist und die alten Speichen wieder verwendet werden können. Legen Sie in diesem Fall, nachdem Sie vorher Reifen, Schlauch und Felgenband vom alten Rad entfernt haben, die neue Felge so auf das alte Rad, daß die Ventillöcher übereinander sind. Jetzt werden die Speichen der Reihe nach aus dem alten Rad herausgenommen und, nachdem die Gewindeenden eingefettet wurden, in die neue Felge eingespeicht ❸. Danach fester

Abb. 3

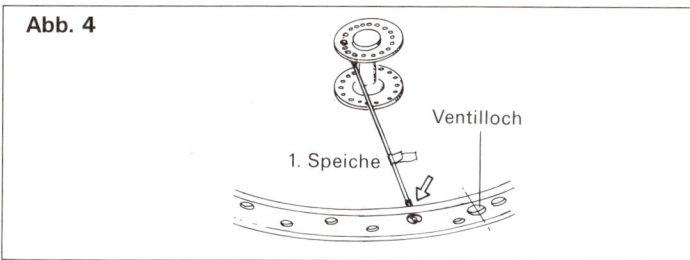

Abb. 4

Ventilloch

1. Speiche

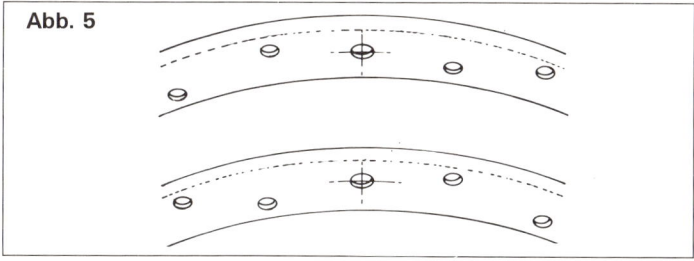

Abb. 5

sein). Pro Laufrad werden gemeinhin 36 Speichen und Nippel gebraucht. Falls die Löcher in der Felge nicht verstärkt sind, brauchen Sie auch Unterlegscheiben.

2. Stellen Sie fest, ob alle Speichen die richtige Länge haben. Tunken Sie dann die Gewindeenden in Vaseline und wischen den Überschuß ab.

3. Führen Sie eine Speiche von innen nach außen durch jedes zweite Loch eines Nabenflansches (die Löcher sollen möglichst auf der Außenseite versenkt sein).

4. Legen Sie die Felge auf den Tisch und stellen Sie die Nabe (Flansch mit eingesetzten Speichen nach oben gerichtet) in den Mittelpunkt der Felge.

5. Setzen Sie eine der Speichen mit einem Nippel in dem ersten, neben dem Ventilloch nach oben versetzten Speichenloch ❺ fest. Machen Sie diese erste Speiche mit Klebeband kenntlich ❹. Schrauben Sie den Nippel mit 5–6 Umdrehungen ein.

6. Setzen Sie die verbleibenden Speichen dieser Nabenflanschseite der Reihe nach auf die gleiche Weise in jedes vierte Speichenloch der Felge ein.

7. Setzen Sie einen weiteren Satz Speichen von außen nach innen in die verbleibenden Löcher des gleichen Nabenflansches ein.

8. Verdrehen Sie Rad und Nabe gegenseitig so, daß die bereits mit der Felge verbundenen Speichen tangential verlaufen, und zwar so, wie in Abbildung ❹ ge-

anziehen und das Rad richten. Falls Sie diese Methode nicht anwenden können, weil, wie oben gesagt, die neue Felge nicht die gleiche ist wie die alte und die alten Speichen nicht wiederverwendet werden können, gehen Sie wie folgt vor:

Erforderlich sind:
● Speichenschlüssel
● Schraubendreher
● Vaseline
● Lappen

Arbeitsgang:
1. Entscheiden Sie anhand eines zutreffenden Beispiels oder der Abbildung ❷, nach welchem Muster das Rad eingespeicht werden soll. Aufgrund dieses Musters und der Angaben über Naben- und Felgentyp kann der Fahrrad-Fachmann die erforderliche Speichenlänge empfehlen (es können auch zwei unterschiedliche Längen für links und rechts

zeigt oder umgekehrt (je nachdem ob, bei unterschiedlichen Felgentypen, das erste, nach oben versetzte Speichenloch links oder rechts neben dem Ventil liegt (❺ Seite 63).

9. Setzen Sie diese Speichen je nach Einspeichmuster jeweils so in das mittlere der drei freien Felgenlöcher zwischen den bereits verbundenen Speichen ein, daß die gewünschte Zahl der Kreuzungen entsteht. Dabei wird die letzte Kreuzung so verlegt, daß die ursprünglich innere Speiche an dieser Stelle außen liegt.

10. Drehen Sie das Rad um.

11. Sehen Sie sich die Löcher der beiden Nabenflanschen an: die Löcher des oben liegenden Flansches sind gegenüber denen des unteren Flansches jeweils gleich viel nach links und nach rechts versetzt.

12. Stellen Sie jetzt fest, ob die erste Speiche links oder rechts vom Ventilloch liegt. Liegt sie links, dann wählen Sie das nach links von der ersten Speiche versetzte Loch im oberen Nabenflansch. Liegt die erste Speiche rechts vom Ventilloch, so wählen Sie das nach rechts versetzte Loch.

13. Stecken Sie eine Speiche von innen nach außen durch das so bestimmte Loch des nun oben liegenden Nabenflansches ❶.

14. Führen Sie diese Speiche parallel zur ersten Speiche zum direkt neben dessen Felgenloch liegenden Loch. Beim Ventilloch muß das auf Abbildung ❷ gezeigte Speichenmuster entstehen.

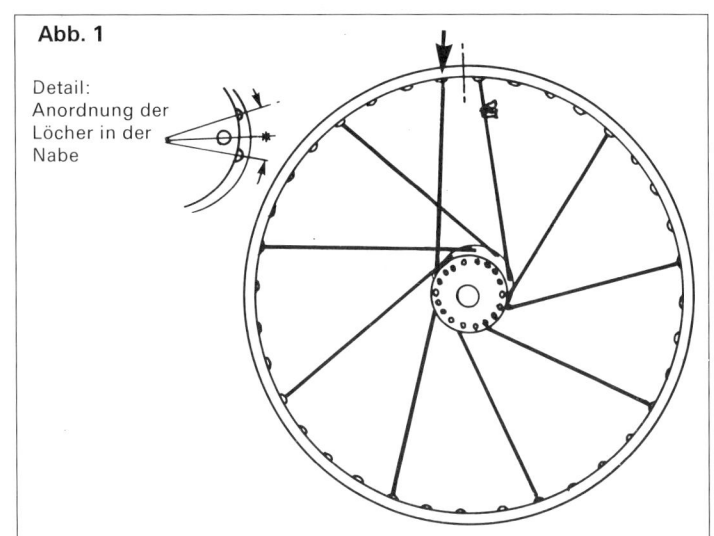

Abb. 1

Detail:
Anordnung der
Löcher in der
Nabe

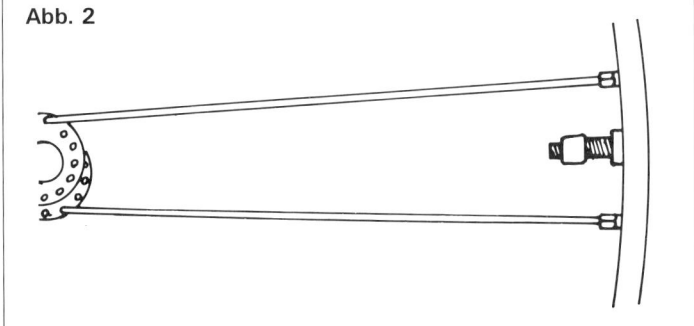

Abb. 2

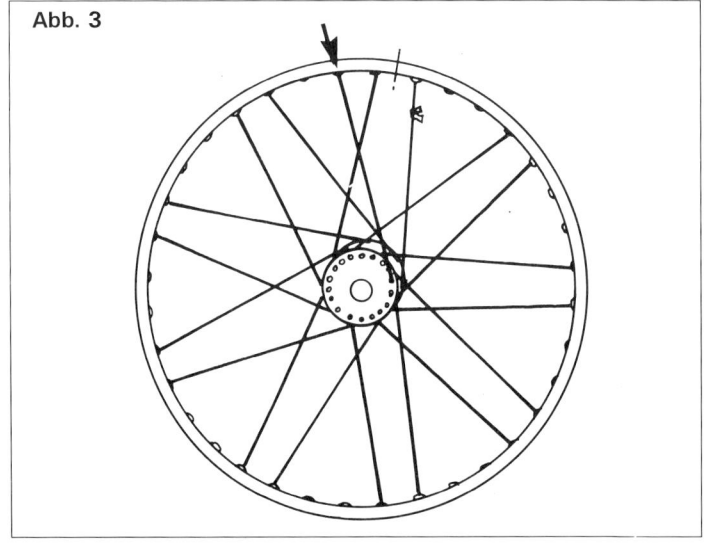

Abb. 3

Abb. 4

15. Setzen Sie in jedes zweite der verbliebenen Löcher dieses Nabenflansches eine Speiche ein und verbinden Sie diese nun mit den jeweils übereinstimmenden Felgenlöchern ❸.

16. Setzen Sie die restlichen Speichen von innen nach außen in die verbleibenden Löcher der Nabe ein und verbinden Sie sie mit den freien Felgenlöchern.

17. Prüfen Sie, ob das Rad richtig nach dem Muster eingespeicht ist und machen Sie eventuell erforderliche Korrekturen.

18. Schrauben Sie sämtliche Nippel mit dem Schraubendreher in zwei oder drei Durchgängen gleichmäßig so weit ein, daß jeweils noch 1–2 mm des Gewindes sichtbar bleiben.

19. Ziehen Sie die Nippel mit dem Nippelspanner weiter an, bis die Speichen alle gleichmäßig fest angespannt sind. (Probieren Sie im Fahrradgeschäft, wie hoch die Speichenspannung sein soll).

20. Richten Sie jetzt das Rad anhand der Anleitung »Laufrad richten«, Seite 59.

21. Greifen Sie die Speichen in Sätzen von jeweils 4 Stück zwischen der ersten und zweiten Kreuzung (von der Nabe aus gezählt) und drücken Sie diese so zusammen, daß sie sich ausrichten und die beim Aufdrehen der Nippeln entstandene Spannung abgebaut wird ❹.

22. Prüfen Sie, ob einzelne Speichenenden im Felgenbett (dort, wo der Schlauch liegen wird) ausragen. Feilen Sie diese nötigenfalls flach ab.

23. Prüfen Sie das Rad nochmals nach ca. 50 km und richten Sie es gegebenenfalls nach.

Die Bremsen

Grundsätzlich unterscheidet man zwei Bremstypen:
von Hand zu bedienende Felgenbremsen und Nabenbremsen. In
der Regel sind Fahrräder mit einer Felgenbremse am
Vorderrad ausgerüstet, sportliche Räder mit Kettenschaltung
auch am Hinterrad. »Einfache« Räder haben meist eine
Rücktrittbremse. Manche Luxusräder werden auch mit
Trommelbremsen, das sind von Hand zu bedienende
Nabenbremsen, ausgestattet. In diesem Kapitel wird die
Wartung sämtlicher Bremstypen angesprochen.

Die Felgenbremsen

In Abbildung ❶ sind die vier Felgenbremstypen mit Bowdenzug-Betätigung gezeigt, von denen die Seitenzug- und Mittelzugbremsen am weitesten verbreitet sind. Zu den Wartungsarbeiten gehören das Einstellen der Bremszüge, das Richten oder Ersetzen der Bremsklötze sowie das Zentrieren der Bremse. Darüber hinaus werden in diesem Kapitel die Wartung und das Ersetzen der Bremse selbst sowie der Bedienungsteile (Bremsgriff und Bremszug) behandelt.

Felgenbremse einstellen

Die Hinterbremse muß auf trockener Felge beim Fahren im Schrittempo so fest angezogen werden können, daß das Rad blockiert. Die Vorderbremse muß unter den gleichen Umständen so viel Verzögerung bringen, daß das Fahrrad anfängt, nach vorne zu kippen. Falls die Bremse nachläßt oder anfängt zu schleifen, zu quietschen oder zu »rubbeln«, muß zuerst die Felge gereinigt oder der Befestigungsbolzen der Bremse festgezogen oder die Bremse eingestellt werden. Sollte auch das nichts nutzen, muß sie überholt oder ersetzt werden.

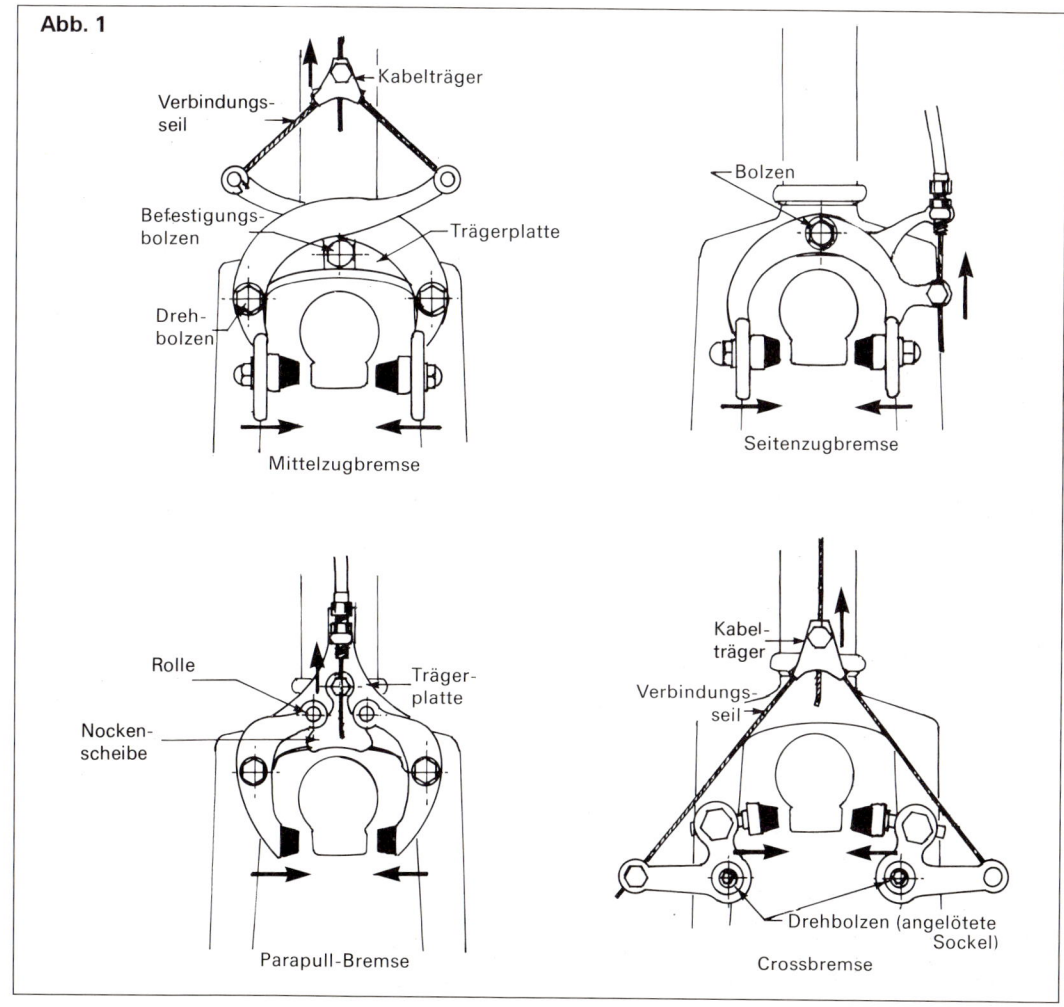

Abb. 1

Kabelträger
Verbindungsseil
Befestigungsbolzen
Trägerplatte
Drehbolzen
Mittelzugbremse

Bolzen
Seitenzugbremse

Rolle
Trägerplatte
Nockenscheibe
Parapull-Bremse

Kabelträger
Verbindungsseil
Drehbolzen (angelötete Sockel)
Crossbremse

Erforderlich:
● manchmal gar kein Werk-
   zeug; für Punkt 5: Schraubenschlüssel und Zange

Arbeitsgang:
1. Stellhülse suchen (bei Sei-
   tenzug und Parapullbremse
   direkt an der Bremse, bei
   Mittelzug- und Crossbremse an der Ankerung der Außenspirale).
2. Stellhülse ❷ halten und
   Rändelmutter lockern.
3. Stellhülse einschrauben, um
   die Bremse zu lockern; ausschrauben, um sie fester zu
   stellen.
4. Stellhülse halten und Rändelmutter gegen die Halterung festschrauben.
5. Falls der Einstellbereich der
   Stellhülse nicht ausreicht,
   diese ganz einschrauben
   (d.h. Bremse lockern); wo
   vorhanden, Schnellspanner
   vorher lockern ❶. Brems-
   zugeinklemmung lockern,
   Bremsseil lockern oder anziehen und in neuer Position
   festsetzen.
6. Prüfen und nötigenfalls
   nachstellen.

Felgenbremse
überholen

Erforderlich sind:
● je nach anfallender Arbeit
   Schraubenschlüssel, Rollgabelschlüssel, Zange

Arbeitsgang:
1. Mutter des Befestigungsbolzens festziehen und dabei eventuell die Bremse
   ausrichten.
2. Bremsseil und Außenspirale prüfen. Falls erforderlich
   reinigen, schmieren oder
   ersetzen.

Abb. 1

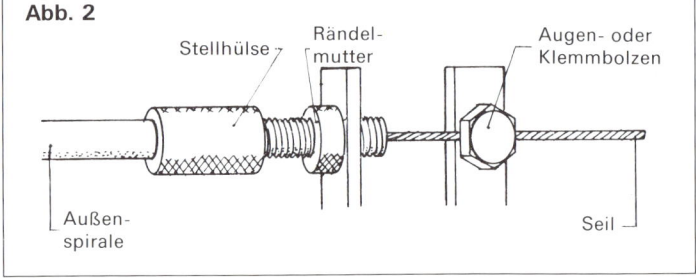

Abb. 2

Stellhülse   Rändel-
              mutter   Augen- oder
                                    Klemmbolzen

Außen-   Seil
spirale

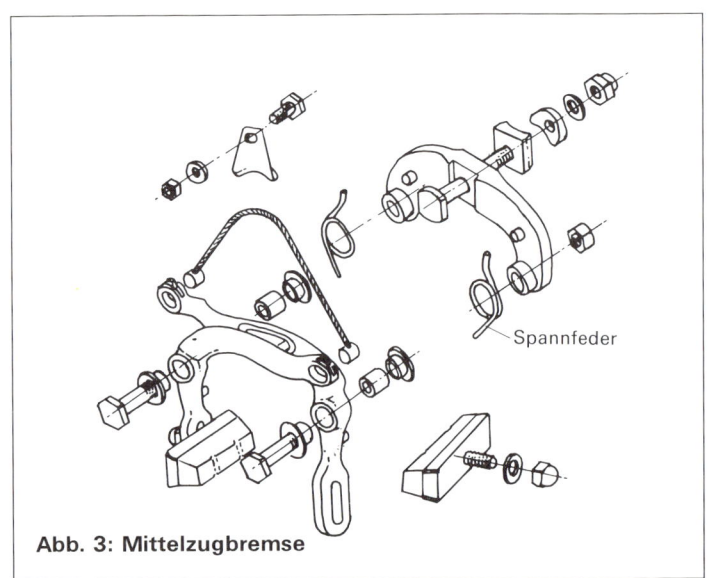

Abb. 3: Mittelzugbremse

Spannfeder

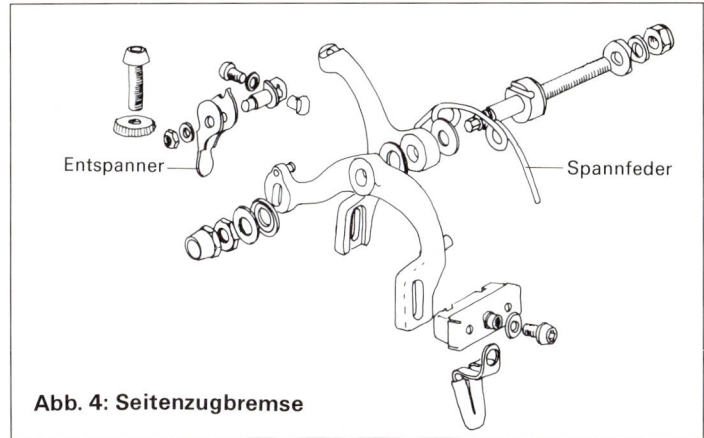

Abb. 4: Seitenzugbremse

Entspanner

Spannfeder

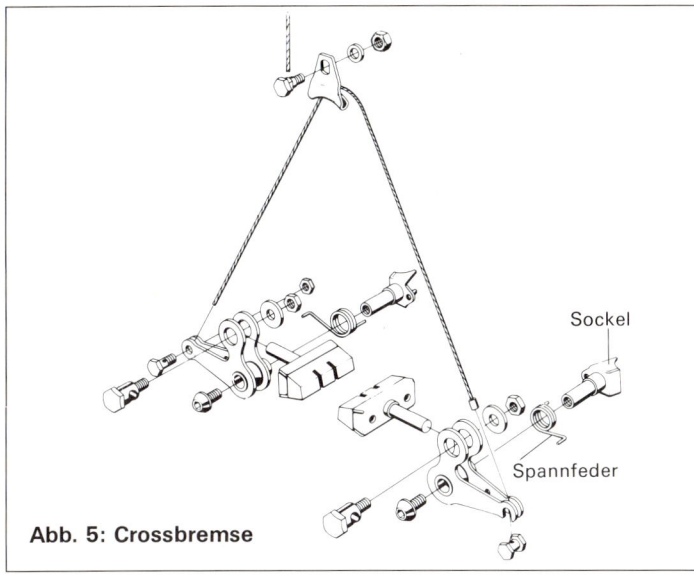

Abb. 5: Crossbremse

Sockel

Spannfeder

Abb. 6

Abb. 7

3. Prüfen, ob die Bremsklötze über ihre gesamte Länge und Breite auf den Felgenflanken aufliegen. Falls erforderlich, nachstellen: Befestigungsmutter lockern, drehen oder verschieben, in der richtigen Position halten und Mutter festziehen (❸ Seite 70).

4. Prüfen, ob die Spannfeder die Bremszangen richtig zurückzieht, wenn der Griff losgelassen wird. Falls erforderlich, schmieren oder Bolzen des Drehpunktes lockern. Bei der Mittelzugbremse sind das selbständige Bolzen, bei der Seitenzugbremse ist das zugleich der Befestigungsbolzen: untere Mutter gegenhalten und Kopfmutter um ca. 1/2 Umdrehung lockern, dann diese zwei Muttern in der gewünschten Position wieder gegen einander festziehen ❼.

5. Falls die Bremse einseitig schleift, weil sie schief sitzt (insbesondere Seitenzugbremse), anhand der Anleitung »Felgenbremse ausrichten« korrigieren.

6. Falls Rubbeln beim Bremsen daher rührt, daß das hintere Teil des Bremsklotzes die Felge zuerst berührt, sind die Bremszangen so zurechtzubiegen, daß die Vorderseite des Bremsklotzes sie zuerst berührt ❻.

7. Falls erforderlich, müssen Sie die Bremse entfernen und auseinandernehmen, die Teile reinigen, inspizieren, schmieren oder ersetzen, dann wieder zusammenbauen und montieren.

8. Schnellspanner, falls erforderlich, festziehen, prüfen und nachstellen.

Bremsseil ersetzen

<u>Erforderlich sind:</u>
- Schraubenschlüssel
- Spitzzange
- Seitenschneiderzange (oder Spezial-Kabelschneidezange)
- Schmiermittel

<u>Arbeitsgang Ausbau:</u>
1. Falls vorhanden, Schnellspanner lockern. Klemmbolzen des Bremsseils an der Bremse (Seitenzug- und Parapullbremse) oder am Kabelträger (Mittelzug- und Crossbremse) lockern und das Bremsseil herausziehen (Kabelträger und Verbindungsseil nicht verlieren!)
2. Bremsgriff betätigen und gleich wieder loslassen, damit sich das Seil lockert. Seil mit Nippel tiefer in den Bremsgriff hineindrücken, bis der Nippel aus der Aussparung entfernt werden kann ❷ ❺.
3. Bremsseil vom Nippelende her zurückziehen, dabei Außenspirale auffangen.

<u>Arbeitsgang Einbau:</u>
1. Nachprüfen, ob Seil und Außenspirale einwandfrei sind (ausreichend lang, nicht angerostet oder ausgefranst bzw. geknickt).
2. Länge der Außenspirale (bzw. ihrer Teilstücke bestimmen: so kurz wie möglich, ohne geknickt zu werden – auch bei vollem Lenkereinschlag.
3. Außenspirale so auf Maß abtrennen, daß am Ende kein »Haken« entsteht; eventuell zurückbiegen. An beiden Enden ca. 6 mm der Kunststoffschicht entfernen und Endbuchsen installieren (falls vorhanden) ❶.

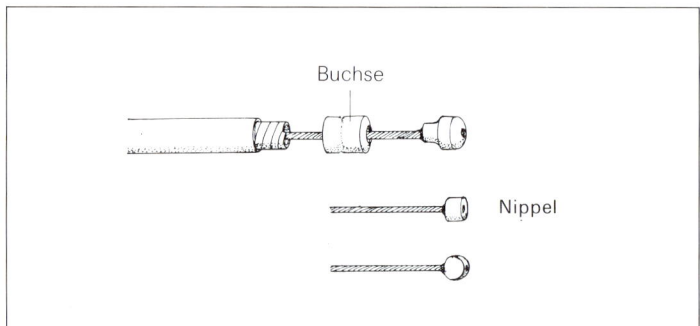

Abb. 1

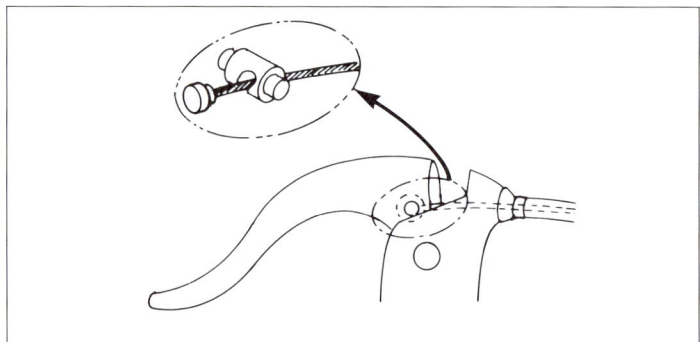

Abb. 2

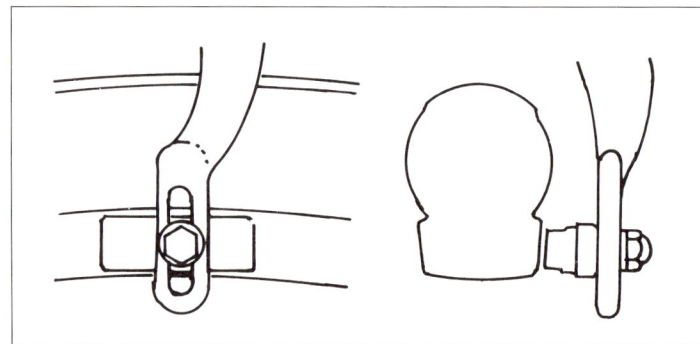

Abb. 3

4. Bremsseil einfetten und, vom Bremsgriff ausgehend, durch Bremsgriffdurchführung, Endbüchsen, Außenspirale, Stellhülse und etwaige Führungsteile am Rahmen bis zur Einklemmung an der Bremse (Seitenzug- und Parapullbremsen) oder bis zum Kabelträger des Verbindungsseils (Mittelzug- und Crossbremsen) führen. Falls vorhanden, Schnellspanner locker gestellt halten.
5. Nippel in die Aussparung am Bremsgriff einlassen ❷ ❺, Seil straffziehen und am anderen Ende anziehen; jetzt das freie Ende an der

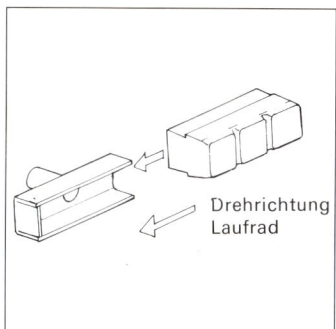

Abb. 4

Drehrichtung Laufrad

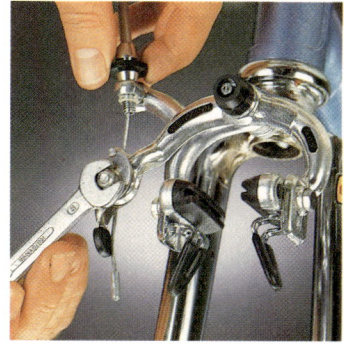

Abb. 5

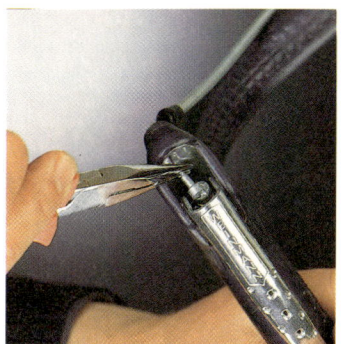

Abb. 6

Abb. 7

Abb. 8: Einfacheinstellbar

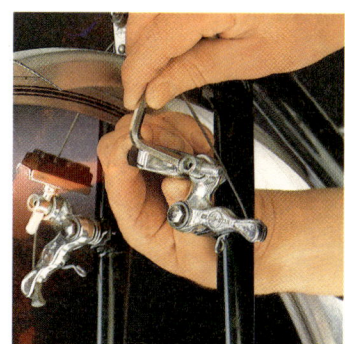

Abb. 9: Mehrfacheinstellbar

Bremse einklemmen ❺. Bei Mittelzug- und Crossbremsen das Verbindungsseil über den Kabelträger legen und in beide Bremsarme einhaken ❼.

6. Seilspannung und andere Einzelheiten der Bremse einstellen. Schnellspanner (falls vorhanden) festsetzen.

Bremsklötze ersetzen

Das ist erforderlich, wenn die Gummis sehr stark oder unregelmäßig abgenutzt sind oder wenn ein besser auf das Felgenmaterial abgestimmtes Modell montiert wird (es gibt

Bremsgummis, die bei nassen Stahlfelgen funktionieren, jedoch nicht für Aluminiumfelgen geeignet sind oder umgekehrt). Je nach Fabrikat und Modell wird entweder ein neues Bremsgummi in die alte Halterung eingeklemmt oder der komplette Bremsklotz, d.h. Bremsgummi mit Halterung, muß ersetzt werden.

Erforderlich sind:
● Schraubenschlüssel (bei einigen Modellen Inbusschlüssel
● für das Auswechseln des Bremsgummis in die alte Halterung: Schraubendreher

Abeitsgang:
1. Bremse entspannen (mit Schnellspanner, falls vorhanden).
2. Mutter oder Bolzen und Unterlegscheibe der Bremsklotzhalterung entfernen ❸, ❽ und ❾.
3. Bremsklotz herausnehmen.
4. Bei Verwendung eines neuen Gummis in der alten Halterung schieben Sie das alte Gummi mit dem Schraubendreher in Richtung des offenen Endes hinaus. Neues Gummi hineinschieben und Halterung seitlich fest andrücken ❹.
5. Bremsklotz in den Schlitz des Bremsarms einlegen; Bremsgriff anziehen; Bremsgummi gegen Felge ausrichten und dort halten; Scheibe und Mutter oder Bolzen installieren und festziehen ❽, ❾.
6. Die Schritte 2–5 für den zweiten Bremsklotz wiederholen.
7. Bremse anspannen und einstellen.

Felgenbremse ausrichten

Wenn die Bremse einseitig schleift, so ist das zwar häufig durch Ausrichten des Laufrads zu beheben (siehe Seite 56); manchmal muß die Bremse selbst ausgerichtet werden.
Bei der Mittelzugbremse wird das einfach mit der Hand gemacht. Gegebenenfalls muß die Mutter des Befestigungsbolzens um ca. 1 Umdrehung gelockert und anschließend festgezogen werden, während die Bremse in der richtigen Position gehalten wird. Bei der Seitenzugbremse geht man so vor:

Erforderlich sind:
● je nach Fabrikat und Ausführung entweder Spezial-Zentrierschlüssel oder zwei Schraubenschlüssel

Arbeitsgang:
1. Befestigungsmutter prüfen, sie muß fest sein.
2. Mutter und Kontermutter der Bremsseite prüfen, sie müssen gegenseitig blokkieren, jedoch so eingestellt sein, daß die Bremsarme sich frei, aber ohne Spiel bewegen können.
3. Bei Modellen mit Spezialwerkzeug dieses einsetzen und in die gewünschte Richtung drehen ❶.
4. Bei anderen Modellen die Befestigungsmutter und eine der zwei anderen Muttern gleichzeitig drehen: Befestigungsmutter und obere Mutter, um nach rechts zu drehen, Befestigungsmutter und untere Mutter, um nach links zu drehen ❷.
5. Prüfen und nötigenfalls nachstellen.

Abb. 1

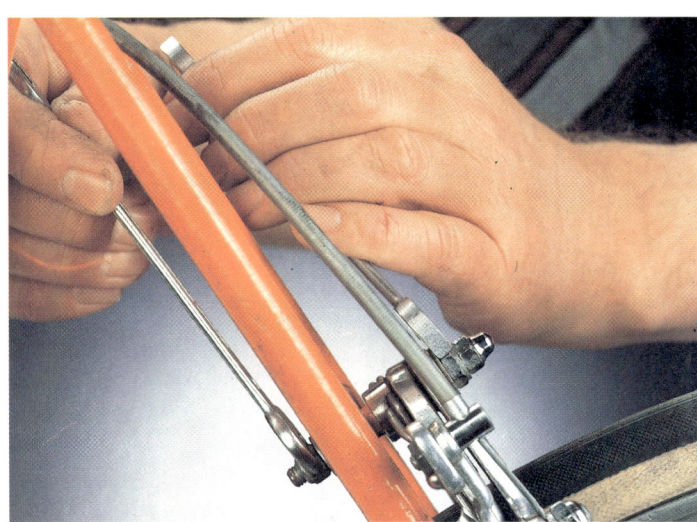

Abb. 2

Felgenbremse ersetzen

Diese Anleitung gilt auch, wenn die Bremse zum Überholen entfernt und wieder eingebaut wird. Beim Kauf einer neuen Bremse auf die richtige Größe achten: bindend sind senkrechter Abstand Felge–Bremsbolzenloch und Felgenbreite ❺. Wählen Sie lieber ein Modell aus (starkem) Aluminium als eine Ausführung aus (dünnem) Stahl, weil die aus Aluminium steifer und zuverlässiger ist.
Es ist möglich, einen anderen Bremstyp zu installieren als den alten. Dann müssen jedoch möglicherweise für Mittelzug- und Crossbremsen Bremszug-

Abb. 3: Seitenzugbremse

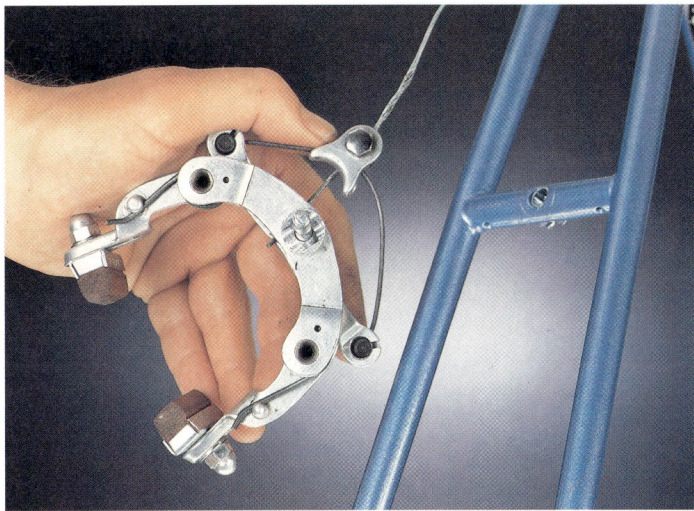

Abb. 4

halterungen (meistens im Steuersatz und an den Sattelklemmbolzen) montiert werden. Die Crossbremse erfordert an den Gabelscheiden und Sattelstreben angelötete Nocken.

Erforderlich sind:
● Schraubenschlüssel
● für Mittelzugbremse: Spitzzange

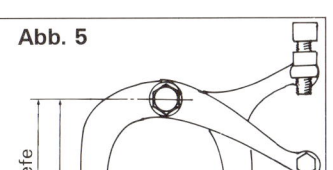

Arbeitsgang Ausbau:
1. Bremse entspannen (mit Schnellspanner, falls vorhanden) Bremsseilbefestigung entfernen (siehe Anleitung »Bremsseil ersetzen«, Seite 70).
2. Mutter des Bremsbefestigungsbolzens und die Scheiben entfernen.
3. Bremse herausziehen und die einzelnen Teile aufheben. Merken Sie sich, in welcher Reihenfolge die Scheiben auf beiden Seiten montiert waren ❸, ❹.
4. Falls erforderlich, Bremse abmontieren, saubermachen, schmieren, überholen und nach den Abbildungen ❸, ❹, ❺ Seite 68/69 zusammenbauen.

Arbeitsgang Einbau:
1. Die Teile anbringen, die auf der Bremsseite des Befestigungsbolzens montiert werden (bei der Vorderbremse manchmal auch die Scheinwerferbefestigung).
2. Befestigungsbolzen einstecken – die Vorderbremse kommt vor die Gabel, die Hinterbremse hinter die Hinterstreben (bei Mixte und Berceau Damenrahmen oben auf die durchlaufenden Rahmenstreben).
3. Die übrigen Scheiben auf den Bolzen stecken, Schutzblech- und Gepäckträgerbefestigung nicht vergessen!
4. Mutter aufschrauben. Bremse genau ausrichten und halten, während die Mutter richtig festgezogen wird.
5. Bremsseil befestigen und Bremse einstellen, die Bremsgummis einstellen, damit sie ganz auf den Felgenflanken aufliegen ❸, ❽, ❾ Seite 70/71.

Bremsgriff ersetzen

Diese Anleitung gilt für Modelle mit »unsichtbarer« Klemmung, also nicht für Modelle mit nach außen ausragender Schelle mit Bolzen, wo selbstverständlich nur dieser entfernt wird. Sie trifft ebenfalls zu, wenn der Bremsgriff überholt oder aus anderen Gründen (z.B. zum Ausbauen des Lenkers) entfernt wird. Beim Ersetzen Bremsseil an der Bremse lockern (siehe Anleitung »Bremsseil ersetzen«, Seite 70), sonst entspannen. Lenkerband oder Lenkergriffe vorher entfernen.

Erforderlich sind:
● Schraubendreher (bei einigen Modellen jedoch Inbusschlüssel, je nach Bolzentyp)
● mitunter Spitzzange

Arbeitsgang Ausbau:
1. Bremsgriff ziehen und Nippel des Bremsseils aus der Aussparung herausnehmen (nicht erforderlich, wenn der Griff so wieder installiert wird) (❻Seite 71).
2. Bremsgriff ziehen und den dann im Inneren sichtbaren Bolzen um ca. 4 Umdrehungen lockern ❸.
3. Bremsgriff in einer drehenden Bewegung zum Lenkerende hin abschieben.
4. Falls erforderlich abmontieren, reinigen, schmieren, überholen und nach der Abbildung❹ zusammenbauen.

Arbeitsgang Einbau:
1. Falls es erforderlich ist, die Klemmutter der Schelle einsetzen (eine ausgesprochene Fummelarbeit, die Sie dadurch vermeiden, daß Sie den Bolzen nicht zu weit lockern).

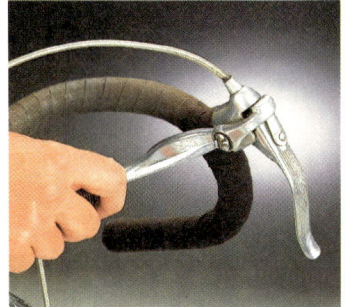

Abb. 1: Bremsgriff mit Doppelhebel

Abb. 2: Mountainbike-Bremsgriff

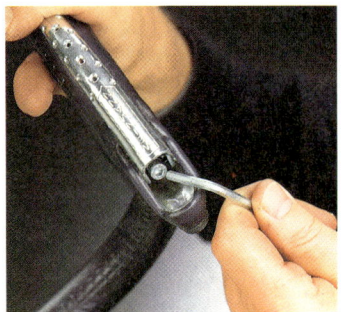

Abb. 3

2. Griff mit Schelle über das Lenkerende schieben (falls erforderlich, Bolzen etwas lockern) und an die richtige Stelle bringen.
3. Bolzen festziehen.
4. Bremsseil installieren und einstellen.
5. Position nochmals prüfen und, falls erforderlich, nachstellen: Bolzen um ca. 1 Umdrehung lockern, Griff verschieben und Bolzen wieder festziehen.

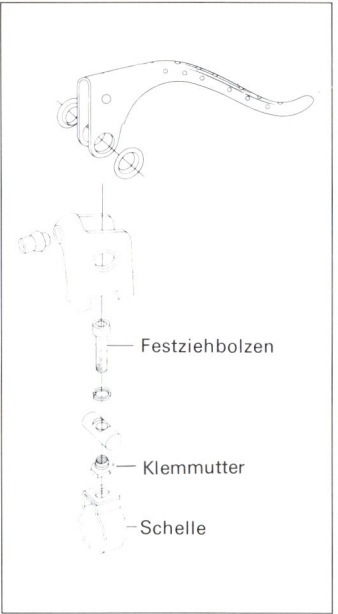

- Festziehbolzen
- Klemmutter
- Schelle

Abb. 4

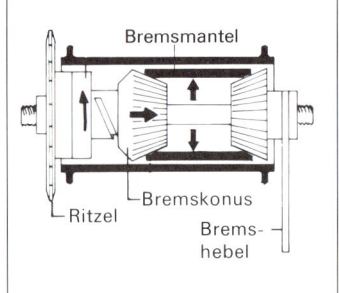

Bremsmantel
Bremskonus
Ritzel
Bremshebel

Abb. 5: Rücktrittbremse

Die Nabenbremsen

Rücktrittbremse

Die Modelle Torpedo und Komet der Firma Fichtel & Sachs sind so allgemein verbreitet, daß sich die folgenden Anleitungen ausschließlich auf sie beziehen. Falls Ihnen trotzdem einmal ein anderes Fabrikat be-

Abb. 6

Abb. 7

der Besitzer einen blassen Schimmer hat, was er damit anfangen soll. Jetzt werden Sie ihn benutzen lernen.

Lager einstellen

Prüfen Sie zuerst, ob die Nabe richtig fest sitzt, ob sich kein Gegenstand um die Achse gewickelt hat (z.B. Seil, Putzlappen oder Gras) und der Bremshebel richtig am Hinterrohr befestigt ist. Zum Einstellen braucht das Rad nicht ausgebaut zu werden.

Erforderlich sind:
● Torpedoschlüssel
● Schraubenschlüssel

Arbeitsgang:
1. Linke Achsenmutter um 2 bis 3´ Umdrehungen lockern.
2. Linke Ringmutter mit dem Torpedoschlüssel um ca. 1 Umdrehung lockern ➏.
3. Vierkant des rechten Achsenendes mit dem Torpedoschlüssel etwa eine halbe Umdrehung drehen: nach rechts, um die Kugellager zu lockern, oder nach links, um sie fester zu stellen ➐.
4. Rechte Achsenmutter (die sich dabei manchmal gelockert hat) festziehen, während das Vierkant-Achsenende gegengehalten wird.
5. Konterring festziehen, dann Achsenmutter festziehen, während das Rad ausgerichtet gehalten wird.
6. Prüfen und eventuell nachstellen. Ist das Problem dann noch nicht gelöst, muß die Nabe überholt werden.

gegnen sollte, ist es ganz sicher möglich, die Anleitung so abzuwandeln, daß sie auch dort zutrifft.

Die Arbeiten an der Rücktrittbremse beschränken sich hauptsächlich auf die Lagerwartung. Manchmal sind die Lager zu locker oder zu fest. Ein zu festes Lager kann knackende Geräusche hervorrufen oder dazu führen, daß die Tretkurbeln mitdrehen. Hin und wieder ergeben sich aber auch Störungen in den Freilauf-, Antriebs- oder Bremsfunktionen, die jeweils das Überholen der Nabe erfordern. Schließlich findet sich auf Seite 82 eine Anleitung zum Auswechseln des Ritzels. Bevor Sie sich an das Überholen der Nabe machen, versuchen Sie zuerst, das Problem durch Einstellen zu beseitigen. Fast jedes neue Fahrrad mit Rücktritt wird mit einem F&S-Spezialschlüssel (Torpedoschlüssel) geliefert, ohne daß

Die Trommelbremse

Diese Nabenbremse ist sowohl für das Hinter- als auch für das Vorderrad geeignet. Für das Hinterrad gibt es sie auch mit eingebauter Dreigangschaltung und für Kettenschaltung. Die Bedienung erfolgt meist über flexible Bremszüge, obwohl es vereinzelt auch Modelle mit Gestängebedienung gibt. Zu den erforderlichen Wartungsarbeiten gehören das Einstellen der Bremswirkung und der Kugellager sowie das Überholen. Einmal jährlich muß die Trommelbremse überholt werden. Dabei werden die Lager geschmiert und festgestellt, ob die Bremsbeläge noch in Ordnung sind.

Trommelbremse einstellen

Die Bremswirkung wird in gleicher Weise geprüft wie die der Felgenbremse. Bei noch nicht ganz bis zum Lenker eingezogenem Bremsgriff muß das Hinterrad blockieren. Das Vorderrad muß so stark verzögern, daß das Fahrrad anfängt nach vorne zu kippen. Prüfen Sie auch, ob der Bremshebel richtig an der Vordergabel oder am Hinterrohr befestigt ist und ob die Nabe mit den Achsenmuttern fest im Fahrrad sitzt.

Der Bremszug hat meist auch an dem Ende, wo er mit der Bremse verbunden ist, einen Nippel. Bremszüge werden in der richtigen Länge mit Nippeln an beiden Enden und mit Außenspirale geliefert (unterschiedliche Längen für Vorder- und Hinterbremse!). Bei Modellen mit Gestängebedienung sind die Drehpunkte und die Verbindungen der Gestänge untereinander sowie die Verbindung der Drehpunkte zum Rahmen zu prüfen. Die Drehpunkte müssen regelmäßig geschmiert werden.

Erforderlich sind:
- meist kein Werkzeug, mitunter jedoch Schraubenschlüssel und Schraubendreher

Arbeitsgang:
1. Kontermutter der Stellvorrichtung zurückschrauben.
2. Stellhülse so weit ausschrauben, daß die Bremse blockiert.
3. Stellhülse aus dieser Position ca. 1 Umdrehung weiter eindrehen.
4. Prüfen, ob das Rad jetzt in unbetätigtem Zustand frei dreht und volle Bremsleistung bringt, wenn die Bremse betätigt wird. Falls erforderlich nachstellen.
5. Stellhülse halten und Kontermutter fest einschrauben.

Hinweis:
1. Bei Modellen mit Gestängebedienung befindet sich am Ende des Gestänges (wo bei dem Bremszug ein Nippel wäre) eine Rändelmutter. Diese entsprechend ein- bzw. ausschrauben.
2. Bei einem Rad mit Gestängebedienung müssen die Einklemmungen des Gestänges immer dann neu eingestellt werden, wenn die Lenkerhöhe geändert wird. Diese Einklemmungen befinden sich neben dem Steuerkopfrohr und werden mit einem Schraubenschlüssel und einem Schraubendreher eingestellt.

Trommelbremslager einstellen

Diese Einstellung kann bei eingebautem Laufrad vorgenommen werden. Die Nabenlager werden von der Seite aus eingestellt, auf der die Bremsbedienung liegt ❷. Falls das Rad trotz Einstellens nicht frei und ohne Spiel dreht, muß die Nabe überholt werden.

Erforderlich sind:
- Schraubenschlüssel
- Spezial-Nabenschlüssel (zur Not genügen auch Hammer und Stift)

Arbeitsgang:
1. Achsenmutter auf der Bedienungsseite der Bremse um 2–3 Umdrehungen lockern.
2. Kontermutter um ca. 1 Umdrehung lockern.
3. Stellring (der mit dem Konus des Kugellagers verbunden ist) mit dem Nabenschlüssel oder mit Stift und Hammer ein- oder ausschrauben, um das Lager fester bzw. lockerer zu stellen.
4. Stellring halten, während Kontermutter fest angezogen wird.
5. Rad ausrichten und Achsenmutter fest anziehen.

Trommelbremse überholen

Diese Arbeit ist zum einen erforderlich, um die Bremsbeläge zu prüfen oder zu erneuern, zum anderen, um die Kugellager zu schmieren. Vorher muß das Rad ausgebaut werden.

Erforderlich sind:
- Schraubenschlüssel
- Kugellagerfett

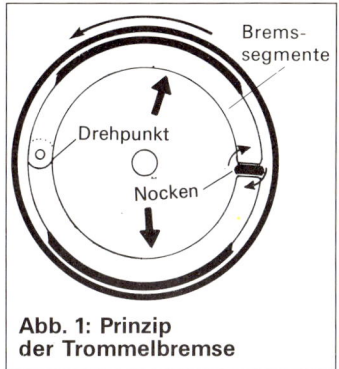

Abb. 1: Prinzip der Trommelbremse

(Bremssegmente, Drehpunkt, Nocken)

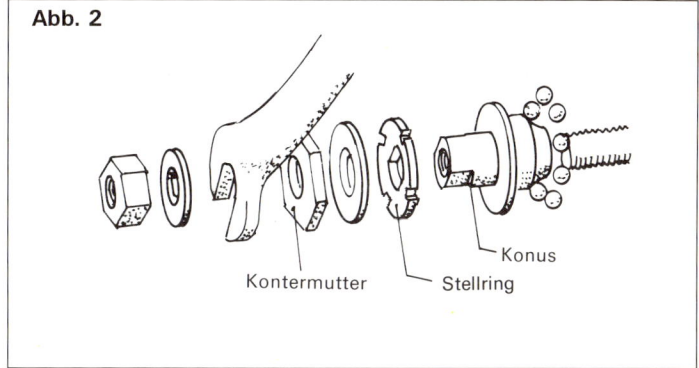

Abb. 2

Kontermutter — Stellring — Konus

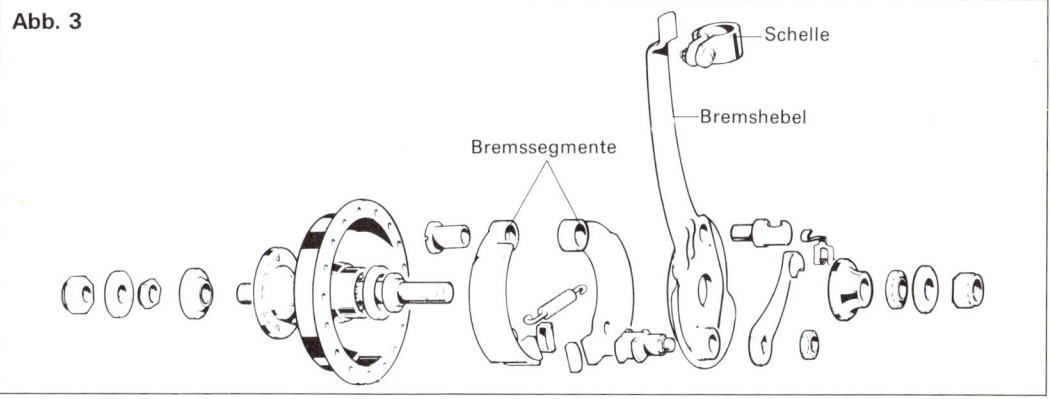

Abb. 3

Schelle

Bremshebel

Bremssegmente

Arbeitsgang Ausbau:

1. Von der Seite der Bedienung ausgehend Kontermutter abschrauben; Scheibe und Stellring abheben.
2. Konus mit Schraubenschlüssel entfernen.
3. Nabenteil mit Bremshebel, Bedienungshebel und den Bremssegmenten herausnehmen ❸.

Arbeitsgang Überholen:

1. Bremsschuhe prüfen – Mindeststärke 3 mm. Falls erforderlich, gegen neue Bremssegmente austauschen. Die Bremsbeläge dürfen nicht mit Schmiere oder Lösungsmittel in Berührung kommen.
2. Alle übrigen Teile reinigen, prüfen und eventuell ersetzen. Lagerteile mit Kugellagerfett schmieren, ebenso die Dreh- und Betätigungsteile für die Bremssegmente.

Arbeitsgang Einbau:

1. In umgekehrter Reihenfolge montieren.
2. Rad einbauen: Bedienungskabel oder -gestänge verbinden sowie Bremshebel befestigen.
3. Rad ausgerichtet halten und Achsenmutter fest anziehen, dann auch Bremshebelbefestigung nachziehen.
4. Einstellung prüfen und nachstellen.

Die Gangschaltung

Um wechselnde Geländebedingungen, Geschwindigkeit und
Antriebskräfte aufeinander abzustimmen, benötigt der
Radfahrer ein Fahrrad mit Gangschaltung, von denen es
zwei Arten gibt: Nabenschaltung und Kettenschaltung.
In diesem Kapitel wird auf beide Systeme ausführlich
eingegangen. Der erste Teil befaßt sich mit der Einstellung
und der Wartung der Nabenschaltung, im zweiten Teil
wird die Kettenschaltung unter die Lupe genommen.

Die Nabenschaltung

Dreigangnaben werden vom Lenker aus mit einem Schalter über ein flexibles Schaltseil bedient ❷. Zweigangnaben werden meist durch kurzes Zurücktreten umgeschaltet (obwohl es auch ein Modell gibt, das bei Erreichen einer bestimmten Umdrehungsgeschwindigkeit des Laufrads »automatisch« in den höheren Gang schaltet). Bei der Fünfgangnabe gibt es einen Doppel-Schalthebel und zwei Schaltzüge.

Manchmal wird das Schaltgetriebe mit einer Rücktritt- oder Trommelbremse kombiniert. Alle heute erhältlichen Zweigangnaben haben eine Rücktrittbremse. Die Fünfgangnabe gibt es mit einfachem Freilauf und mit Trommelbremse. Vereinzelt gibt es von der Firma Sturmey-Archer noch Modelle mit eingebauter Dynamonabe. Fichtel & Sachs stellt auch eine Nabe her, die Naben- und Kettenschaltung kombiniert. In diesem Kapitel werden vorrangig die verbreitetsten Modelle, nämlich Dreigangnaben mit und ohne Rücktritt sowie die Fünfgangnabe behandelt.

Einstellen von 3- und 5-Gangnaben

Falls einzelne Gänge nicht richtig ansprechen, ist die Störung fast immer durch Einstellen der Bedienung zu beheben. Prüfen Sie aber zuerst, ob der Schaltzug richtig frei liegt – er darf nicht eingeklemmt sein. Außerdem sind die Schaltseil-Führungen am Rahmen zu überprüfen: sie müssen fest am Rahmen sitzen. Vergessen Sie auch nicht, Schalter, Seil und Nabe einmal im Monat mit leichtem Öl zu schmieren.

Falls das Problem unterwegs auftritt, können Sie sich das Einstellen für später aufheben, indem Sie einfach das Schaltseil an der Stellhülse lösen. Binden Sie das Schaltseil fest und schrauben Sie das Schaltkettchen aus der Nabe heraus, damit es nicht verlorengeht. So haben Sie zwar keine Gangschaltung mehr zur Verfügung, aber auch keinen Ärger. Die richtige Einstellung machen Sie dann zu Hause in aller Ruhe, wenn Sie das Schaltkettchen wieder eingeschraubt haben. Werkzeug ist meistens nicht erforderlich.

Arbeitsgang Einstellen von Fichtel & Sachs 3-Gangnaben:
1. Schalter auf Schnellgang (3. Gang) stellen. Hinterrad abheben und Tretkurbel um ca. 1/2 Umdrehung drehen.
2. Rändelmutter der Stellhülse lockern, während Sie die Stellhülse halten ❶.
3. Stellhülse so einstellen, daß der Schaltzug in dieser Position straff, aber noch nicht unter Spannung steht.
4. Hinterrad hochheben und Tretkurbel drehen – Schnellgang muß jetzt eingelegt sein. Gegebenenfalls nachstellen.
5. Stellhülse halten und Rändelmutter festschrauben.

Abb. 1

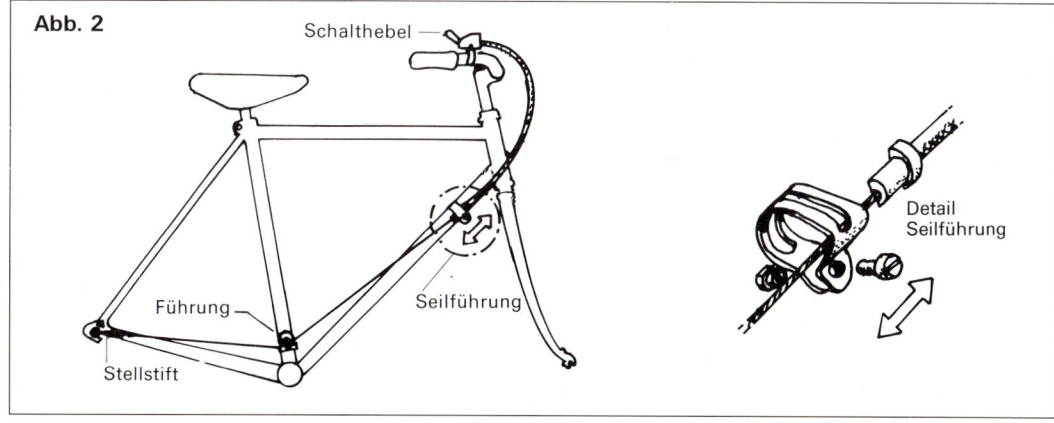

Abb. 2

Schalthebel

Seilführung

Detail Seilführung

Führung

Stellstift

6. Schalter auf Berggang (1. Gang) stellen – Schaltseil muß in dieser Position völlig angespannt sein (kein Einfedern).

Arbeitsgang Einstellen von Sturmey-Archer 3-Gangnaben:
1. Schalter auf Normalgang (2. Gang) stellen. Tretkurbel um ca. 1/2 Umdrehung drehen (bei einer Freilaufnabe drehen Sie einfach zurück, während Sie bei dem Modell mit Rücktritt das Hinterrad hochheben müssen).
2. In der Öffnung der Hohlmutter der rechten Achsenseite nachsehen: in dieser Position muß das Ende des Stiftes genau mit dem Achsenende fluchten ❶.
3. Falls erforderlich, mit der Stellhülse nachstellen.

Arbeitsgang Einstellen von Shimano 3-Gangnaben:
Bei diesen Naben befindet sich am Achsenende auf der Bedienungsseite anstatt des Schaltkettchens ein Hebelmechanismus ❷. Das Einstellen geschieht ähnlich wie bei der Sturmey-Archer-Nabe. Der Hebelmechanismus hat ein Fensterchen, in dem der Buchstabe N (für Normalgang) sichtbar wird, wenn die Nabe richtig eingestellt ist.

Arbeitsgang Einstellen von Sturmey-Archer 5-Gangnaben:
Diese Nabe gibt es in mehreren Ausführungen. Bei einigen von ihnen befindet sich auf der linken Seite ein ähnlicher Mechanismus wie bei der Shimano-Nabe mit dem Unterschied, daß hier ein Zeiger auf dem Markierstrich für den Normalgang einzustellen ist.
Zunächst wird der Normalgang auf der rechten Seite einge-

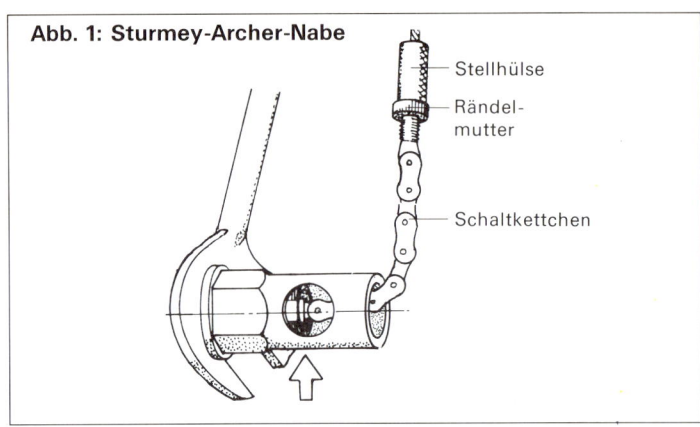

Abb. 1: Sturmey-Archer-Nabe

Stellhülse
Rändelmutter
Schaltkettchen

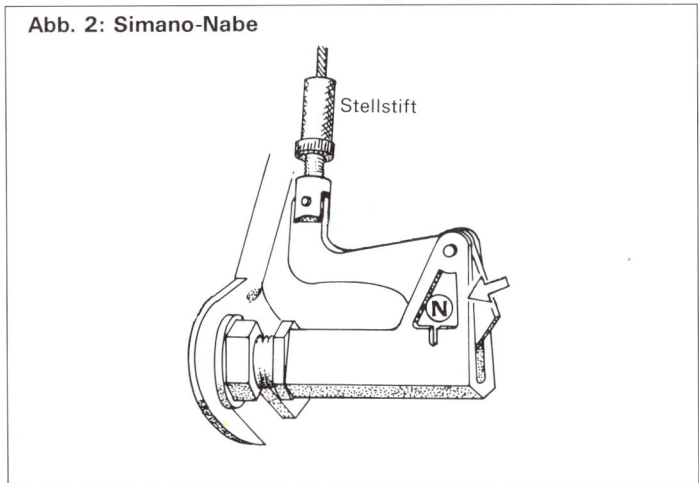

Abb. 2: Simano-Nabe

Stellstift

N

stellt. Das geht genauso wie bei der Sturmey-Acher 3-Gangnabe. Hiermit sind die mittleren Gänge richtig eingestellt. Anschließend wird der Hebel für die linksseitige Bedienung zurückgezogen. Je nach Ausführung muß die linke Stellhülse so eingestellt werden, daß eine der folgenden Einstellungen zutrifft:
a) Das Stiftende fluchtet mit dem Achsenende (falls Ausführung mit Hohlmutter), oder
b) der Anzeiger stimmt mit der Markierung überein (Ausführung mit Hebelmechanismus).

Hinweise:
1. Bei neuen Fichtel & Sachs-Naben ist anstatt der Stellhülse eine Verbindungsbüchse mit Arretierung montiert, und der Stift am Ende des Schaltkettchen hat Rillen (kein Gewinde). Hier entfällt Punkt 2 der Anleitung »Einstellen«, und unter Punkt 3 braucht die Büchse bloß bis zur richtigen Position aufgesteckt zu werden.
2. Bei alten Fichtel & Sachs-Naben, die eine neutrale oder Leerlauf-Position ha-

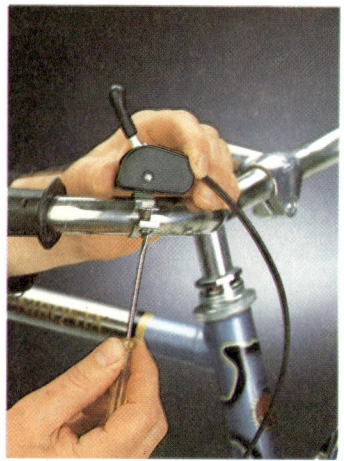

Abb. 3

Abb. 4

ben, ist am Schalter eine Position zwischen dem 2. und dem 3. Gang gekennzeichnet. Schalter in dieser Position festhalten und Stellhülse einstellen, bis die Tretkurbeln im Leerlauf gedreht werden können.

3. Falls die richtige Einstellung nicht erreicht wird, Nabe schmieren, Stellhülse oder Büchse lösen, kontrollieren, ob das Schaltkettchen nicht zu fest eingeschraubt ist (zuerst festschrauben, dann bis zu 1/2 Umdrehung lockern, damit das Kettchen

fluchtet). Wenn auch das keine Abhilfe bringt, muß die Nabe überholt werden.

Schaltseil ersetzen

Das neue Schaltseil soll möglichst identisch mit dem alten sein (Fabrikat, Länge, Ausführung). Falls nicht vorhanden, eine längere Ausführung mit einem Aufsatznippel oder wenn nötig mit einem Adapterstück besorgen. Adapterteile gibt es, damit Schaltzüge verschiedener Fabrikate für Naben unterschiedlicher Hersteller verwendet werden können. Der Aufsatznippel wird mit einer Zange an das Seilende geklemmt, nachdem das Seil auf die gewünschte Länge abgetrennt worden ist.

Arbeitsgang Ausbau:
1. Stellhülse oder Arretierungsbüchse bei der Nabe lösen, das Schaltkettchen oder den Hebelmechanismus jedoch belassen ❹.
2. Schalthebel bis kurz an der Berggangposition (1. Gang) vorbei einziehen und dort halten.
3. Nippel und Kabelende am Schalthebelende entfernen und das ganze Seil aus den Führungen am Rahmen entfernen.

Arbeitsgang Einbau:
1. Sicherstellen, daß das Schaltseil paßt: Länge, Nippel, Außenspirale und Stellhülse. Falls erforderlich, Führungen am Rahmen oder Seil entsprechend anpassen.
2. Schalthebel wieder bis kurz an der Berggangposition (1. Gang) vorbei einziehen.

3. Seilende mit Nippel einführen und Nippel einrasten lassen Seil straffziehen, über bzw. durch die Führungen am Rahmen verlegen.
4. Das Ende mit der Stellhülse oder Arretierung an dem Stift des Schaltkettchens bzw. am Hebelmechanismus befestigen ❹.
5. Einstellen anhand der vorangegangenen Beschreibung für den entsprechenden Nabentyp. Es kann dabei erforderlich sein, eine der Führungen zu lockern und in einer anderen Position anzubringen.

Schalthebel ersetzen

Der Vorgang entspricht im wesentlichen der vorangegangenen Anleitung »Ersetzen des Schaltseils«. Auch hier sollte bevorzugt der Schalter des entsprechenden Fabrikats installiert werden. Für die 5-Gangnabe sind neben den Originalschaltern nur die alten 3-Gangschalter, die noch ganz aus Metall waren, geeignet. Sie sind den originalen 5-Gangschaltern sogar vorzuziehen, weil sie an einer vernünftigen Stelle montiert werden können, nämlich bei den Handgriffen und nicht am Lenkervorbau ❸.

Nabenlager einstellen

Mit einer Anpassung dieser Einstellung wird Spiel im Rad beseitigt. Außerdem ist es so manchmal möglich. Schalt- und Antriebsprobleme bei 2-, 3- und 5-Gangnaben zu beseitigen. Das Laufrad kann während

Abb. 1: Fichtel & Sachs-Dreigangnabe mit Rücktrittbremse

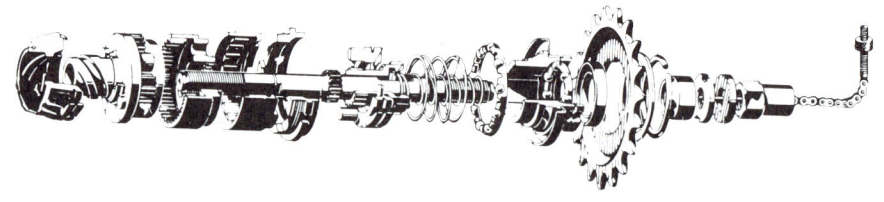

Abb. 2

Abb. 3

Abb. 4

des Einstellens im Rahmen montiert bleiben. Zunächst aber ist folgendes zu tun:

a) Die Nabe mit vom Hersteller empfohlenen Schmiermittel (meistens ein dünnes Spezial-öl) im Schmiernippel sowie am Schaltkettchen oder am Hebel-mechanismus schmieren.

b) Prüfen, ob das Schaltseil nicht eingeklemmt oder be-schädigt ist.

c) Die Kette schmieren und ein-stellen.

d) Feststellen, ob das Laufrad richtig montiet ist und frei dre-hen kann: die Abflachungen der Achse müssen verhindern, daß sich die Achse dreht.

Erforderlich sind:
● Schraubenschlüssel für Ach-senmutter
● Spezial-Nabenschlüssel für Konter- und Stellmutter

Arbeitsgang:
1. Linke Achsenmutter um 2 bis 3 Umdrehungen lok-kern.
2. Kontermutter um 1–2 Um-drehungen lockern ❷.
3. Einstellmutter festschrau-ben, dann um ca. 1/4 Um-drehung lockern. Einstell-mutter gegenhalten und Kontermutter festschrau-ben.
4. Achsenmutter festziehen.

5. Nachprüfen: an der Felge darf nur 1–2 mm seitliches Spiel bemerkbar sein. Falls erforderlich, wieder mit Punkt 1 anfangen und Ein-stellmutter diesmal entspre-chend mehr oder weniger lockern.

Ritzel ersetzen

Die Größe, d.h., die Zahl der Zähne eines Ritzels ist von Be-deutung für die Übersetzungen, die mit der Nabenschaltung zu erreichen sind. Ein größeres Ritzel macht alle Gänge niedri-ger, ein kleineres Ritzel entspre-

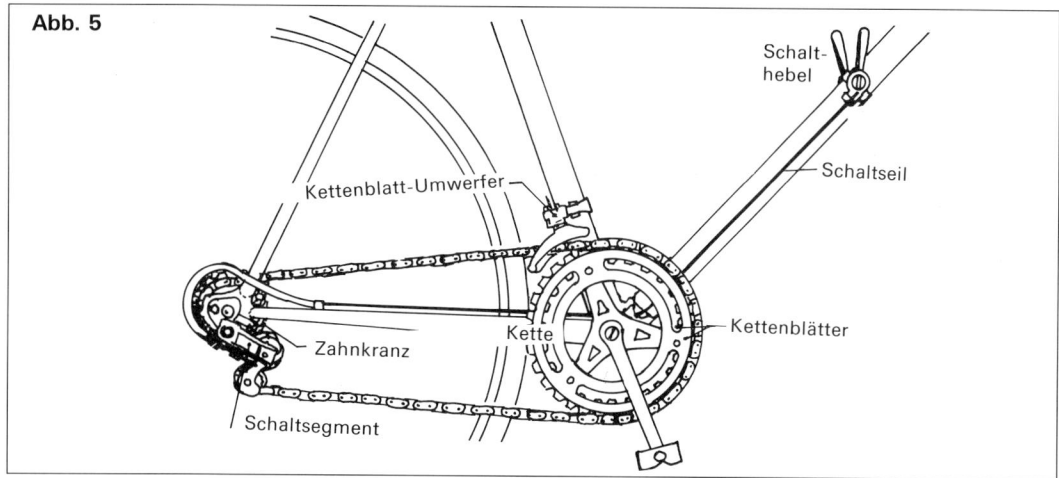

Abb. 5

Schalt-hebel
Schaltseil
Kettenblatt-Umwerfer
Kettenblätter
Kette
Zahnkranz
Schaltsegment

chend höher. Auch bei anderen Naben (z.B. bei der Rücktrittnabe) kann mit dem Auswechseln des Ritzels eine günstigere Übersetzung erreicht werden. Das Ritzel sollte auch ersetzt werden, wenn es stark abgenutzt ist. Ersetzen Sie dann gleich auch die Kette. Vorher muß das Hinterrad ausgebaut werden.

Erforderlich sind:
● kleiner Schraubendreher (bei älteren Modellen mit aufgeschraubtem Ritzel ein Spezialschlüssel oder Stift und Hammer)
● Lappen

Arbeitsgang:
1. Rad mit Ritzel nach oben hinlegen.
2. Sprengring mit dem Lappen halten und an einem Ende mit dem Schraubendreher aus der Rille herausheben, dann entfernen ❸.
3. Scheibe entfernen (falls installiert).
4. Ritzel abheben ❹.
5. Alle Teile reinigen, Ritzel ersetzen.

6. Ritzel und Scheibe installieren (bei gewölbten Modellen entsprechend der Kettenflucht, entweder nach innen oder nach außen versetzt).
7. Sprengring in die Rille hineinführen, bis sie sicher hält.

Die Kettenschaltung

Die Kettenschaltung besteht aus einem Schaltsegment oder hinterem Umwerfer und einem Kettenblattumwerfer. Mit diesen beiden Umwerfern kann man zwischen unterschiedlich großen, auf einem Zahnkranz am Hinterrad montierten Ritzeln bzw. unterschiedlich großen Kettenblättern an der rechten Tretkurbel wählen ❺.
Die verbreitetste Gangschaltung ist die 10-Gangschaltung. Sie hat 2 Kettenblätter und 5 Ritzel. Bei der 5-Gangschaltung gibt es nur 1 Kettenblatt; der Kettenblatt-Umwerfer entfällt hier. Die 15-Gangschaltung hat

3 Kettenblätter. Wenn 6 Ritzel montiert sind, ergeben sich entsprechend 12 bzw. 6 oder 18 Gänge.
Die Bedienung erfolgt mit Schalthebeln, die meist auf dem Unterrohr, manchmal jedoch auch am Lenker montiert sind. Die Übertragung vom Schalthebel zum Umwerfer erfolgt mit flexiblen Schaltseilen, die über am Rahmen montierte Führungen laufen und bei Modellen mit Schalthebeln am Lenker auch z.T. in eine Außenspirale verlegt sind.

Umwerfer einstellen

Manche Probleme der Kettenschaltung lassen sich durch Einstellen der Umwerfer beheben. Die einzelnen Teile (einschließlich Bedienungszügen, Kette und Zahnkranz) müssen regelmäßig gereinigt und geschmiert werden.
Wenn die Kette beim Schalten über das größte oder kleinste Ritzel oder Kettenblatt hinaus verlegt wird oder bestimmte Kombinationen nicht erreicht,

muß der entsprechende Um-
werfer eingestellt werden. Am
besten macht man diese Arbeit
am umgekehrt aufgestellten
oder aufgehängten Fahrrad
(beim Umkehren Lenker so abstützen, daß nichts beschädigt
oder eingeklemmt wird).

Erforderlich sind:
● kleiner Schraubendreher
● falls Kette abgegangen, Lappen

Arbeitsgang:
1. Falls erforderlich, Kette auflegen und Schalthebel in
   entsprechende Position
   stellen.
2. Feststellen, wo das Problem
   liegt: Wurde die Kette vorne
   oder hinten, nach innen
   (links) oder außen (rechts),
   zu weit oder nicht weit genug verlegt?
3. Zum Einstellen ist jeder Umwerfer mit zwei Stellschrauben ausgestattet, die allerdings je nach Fabrikat und
   Modell in unterschiedlichen
   Positionen zu finden sind.
   Es sind dies die Schräubchen, bei denen eine Spiral-
   feder unter dem Schrau-
   benkopf das unbeabsichtig-
   te Verstellen durch Vibrationen vermeiden soll. Das eine Schräubchen begrenzt
   den seitlichen Ausschlag
   des Umwerfers nach innen
   (links), das andere nach außen (rechts) ❶.
4. Falls die Stellschräubchen
   nicht mit H (für die Begrenzung des höchsten Ganges)
   bzw. L (für die Begrenzung
   des niedrigsten Ganges)
   markiert sind, müssen Sie
   selbst feststellen, welches
   welchem Zweck dient. Bewegen Sie dazu den Schalthebel und beobachten Sie

Abb. 1

Abb. 2: Zusätzliche Stellschraube am Suntour-Umwerfer

dabei, in welche Richtung
der Umwerfer verlegt und
welche Stellschraube dann
an den Anschlag herange-
führt wird.
5. Die entsprechende Stellschraube einschrauben, um
   den Ausschlag des Umwerfers in diese Richtung zu
   verringern (falls die Kette zu
   weit verlegt wurde) bzw.
   ausschrauben, um den Ausschlag zu vergrößern (falls
   die Kette nicht weit genug
   verlegt wurde).

6. Probieren Sie jetzt alle Kombinationen der Gangschaltung aus. Falls erforderlich,
   noch etwas nachstellen, bis
   alle Gänge sich richtig einlegen lassen.

Hinweise:
1. Falls das Schaltseil zu lok-
   ker oder zu straff ist, dieses
   ebenfalls einstellen (siehe
   die nachfolgende Beschreibung).
2. Falls das Einstellen nicht gelingt, folgende Punkte prüfen:

Abb. 3

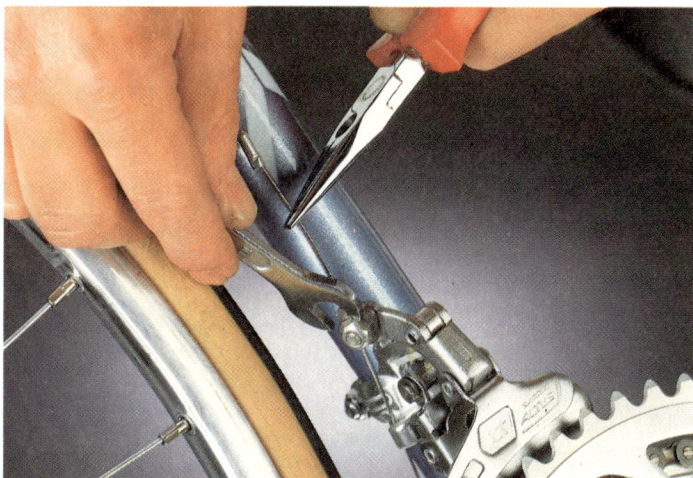

Abb. 4

zusätzliche Stellschraube, die den Drehwinkel des Umwerfers um den Befestigungsbolzen begrenzt. Manchmal hilft es, diese um 1–3 Umdrehungen zu lockern oder festzuziehen ❷.

Schaltseil einstellen

Vorher muß die Schaltung soweit wie möglich eingestellt sein (siehe vorangegangene Beschreibung). Legen Sie dann denjenigen Gang ein, bei dem die Kette auf dem kleinsten Ritzel und dem kleinsten Kettenblatt liegt. Falls das Seil beschädigt (ausgefranst) ist, muß es anhand der nachfolgenden Anleitung ersetzt werden.

Erforderlich ist:
● Schraubenschlüssel

Arbeitsgang:
1. Falls eine Stellhülse vorhanden ist ❸, diese halten und Kontermutter lösen; Stellhülse ein- oder ausschrauben, wieder halten und Kontermutter festschrauben.
2. Falls keine Stellhülse vorhanden (oder der Bereich ihrer Einstellung nicht ausreichend ist), Klemmbolzen oder Mutter des Augenbolzens (je nach Ausführung), mit dem das Kabelende am Umwerfer eingeklemmt ist, um 1–2 Umdrehungen lockern; Schaltseil herausziehen bzw. entspannen, Einklemmung festziehen ❹.
3. Alle Gänge ausprobieren und, erforderlichenfalls, nachstellen.

a) Schaltseil falls ausgefranst ersetzen.
b) Außenspirale (soweit vorhanden) falls geknickt ersetzen.
c) Die Führungen des Schaltseils und die Befestigung des Schalthebels und des Kettenblattumwerfers am Rahmen müssen richtig festsitzen; nötigenfalls festziehen.
d) Die Klemmschraube des Schalthebels muß gerade so fest eingeschraubt sein,

daß sich der Schalthebel nicht unbeabsichtigt lokkert.
e) Tretlagereinstellung und Befestigung der Kettenblätter dürfen kein Spiel haben; gegebenenfalls einstellen bzw. festziehen.
3. Falls immer noch nicht in Ordnung, Umwerfer überholen und prüfen, ob das rechte Ausfallende gerade ist.
4. Schaltsegmente des Fabrikats SunTour haben eine

Schaltseil ersetzen

Diese Anleitung gilt entsprechend auch dann, wenn eine Außenspirale ersetzt wird. Vorher die Gangschaltung so einstellen, daß der entsprechende Umwerfer in der entspannten Position steht (hinten: immer kleinstes Ritzel, vorne: je nach Fabrikat und Modell, jedoch meistens großes Kettenblatt).

Erforderlich ist:
● Schraubenschlüssel

Arbeitsgang Entfernen:
1. Klemmbolzen oder Mutter des Augenbolzens (je nach Ausführung) um 2–3 Umdrehungen lockern.
2. Schaltseil aus Einklemmung zurückziehen und bis zum Schalthebel von Führungen oder Außenspiralen lösen.
3. Schaltseil in Schalthebel hineinschieben und Nippel herausnehmen; Schaltseil vom Nippel aus entfernen.

Arbeitsgang Anbringen:
1. Das neue Schaltseil muß den gleichen Nippeltyp haben und mindestens so lang sein wie das alte ❸.
2. Seil mit Vaseline o.ä. einschmieren.
3. Seilende in den Schalthebel stecken und straffziehen, bis der Nippel einrastet.
4. Seil über Führungen und gegebenenfalls durch Außenspirale führen und das Ende unter die Klemmung oder durch den Augenbolzen stecken und straffgezogen halten.
5. Schalthebel in den zum eingelegten Gang gehörigen Stand stellen, während das Seil weiterhin straff, jedoch

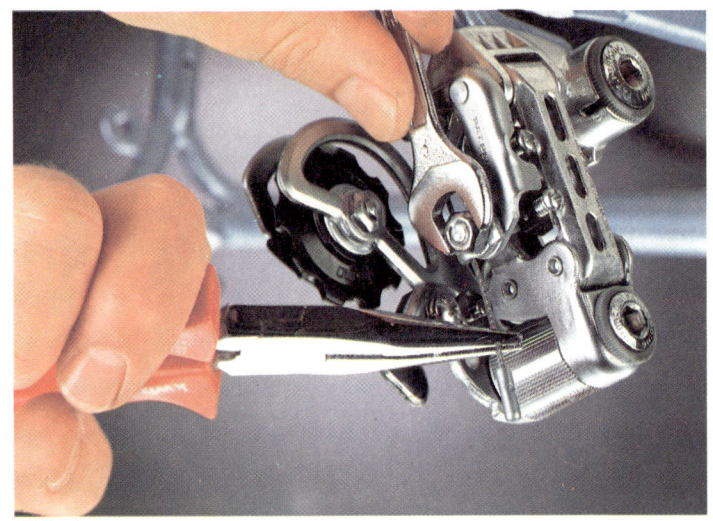

Abb. 1

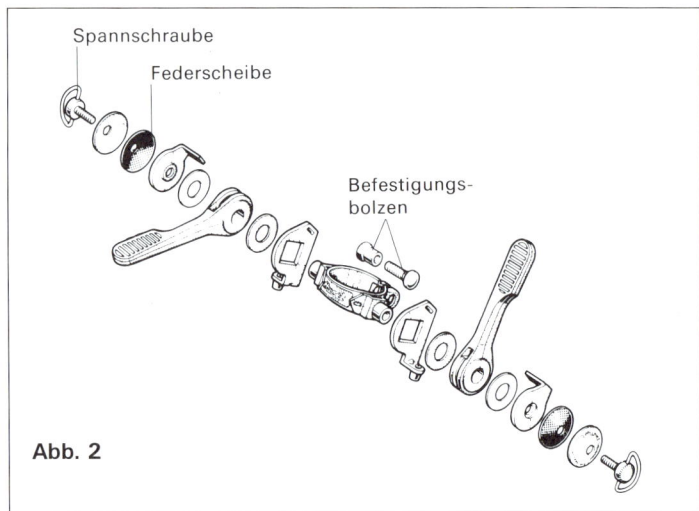

Spannschraube
Federscheibe
Befestigungsbolzen

Abb. 2

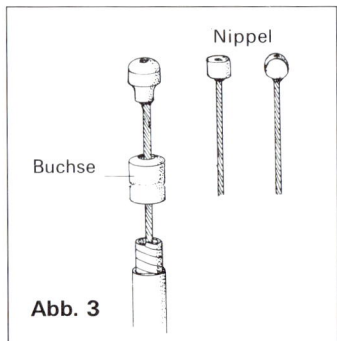

Nippel
Buchse

Abb. 3

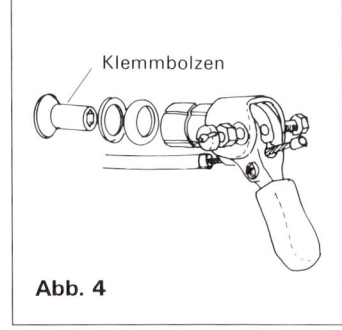

Klemmbolzen

Abb. 4

Abb. 5

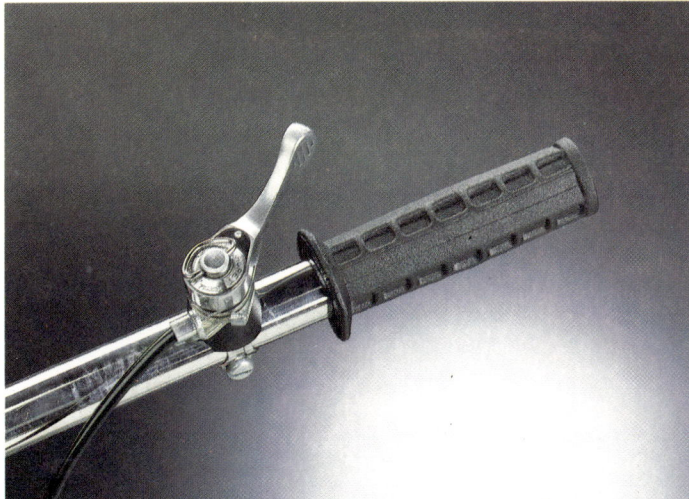

Abb. 6

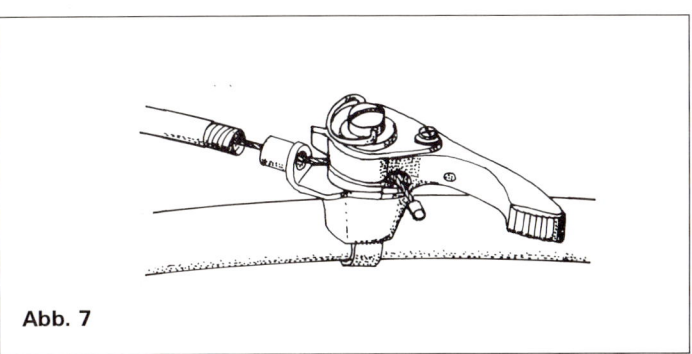

Abb. 7

nicht angespannt gehalten wird.

6. Klemmbolzen oder Mutter des Augenbolzens festziehen, dabei weiterhin Seil straff halten ❶.

7. Alle Gänge ausprobieren und, falls notwendig, nachstellen.

Schalthebel ersetzen

Zunächst muß das Schaltseil anhand der vorangegangenen Anleitung entfernt und danach wieder installiert werden ❺ + ❼. Je nach Ausführung wird der Schalthebel mit eigener Schelle an Unterrohr ❷ oder Lenker ❻ bzw. direkt an Gewindebüchsen befestigt, die am Rahmen montiert sind. Wählen Sie möglichst einen Schalter des gleichen Fabrikats wie das des Umwerfers, weil die Teile aufeinander abgestimmt sind. Bei Lenkerendmodellen, die anstelle der Lenkerendstopfen des Rennlenkers montiert werden, wird die Außenspirale des Schaltseils unter das Lenkerband verlegt. Dieses Modell wird mit einem Klemmbolzen im Lenkerinneren gehalten ❹. Der Klemmbolzen wird vom Ende aus erreicht, indem man zunächst den Querbolzen entfernt, um den sich der Hebel dreht. Der Klemmbolzen wird mit einem Inbusschlüssel nach rechts gelockert bzw. nach links festgezogen.

Schaltsegment ersetzen oder überholen

Das Schaltsegment (der hintere Umwerfer) wird entweder direkt in eine Gewindeöse des rechten Ausfallendes oder (falls diese Öse fehlt) mit einem Adapter montiert ❶ ❻. Dieser Adapter wird bei den meisten Umwerfern mitgeliefert und muß nach dem Entfernen des Hinterrads außenseitig in den Schlitz des Ausfallendes eingelegt werden.

Beim Ersetzen möglichst einen Umwerfer des gleichen Fabrikats wählen oder gleichzeitig auch den Schalthebel des gleichen Fabrikats installieren. Wenn die Unterschiede zwischen den Ritzeln groß sind, brauchen Sie ein Modell mit ausreichender Kapazität, um die freigewordene Kettenlänge aufzunehmen. Lassen Sie sich vom Fahrradhändler beraten.

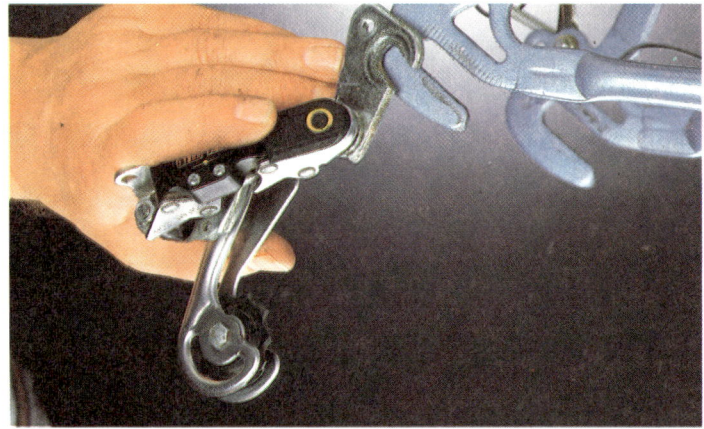

Abb. 1

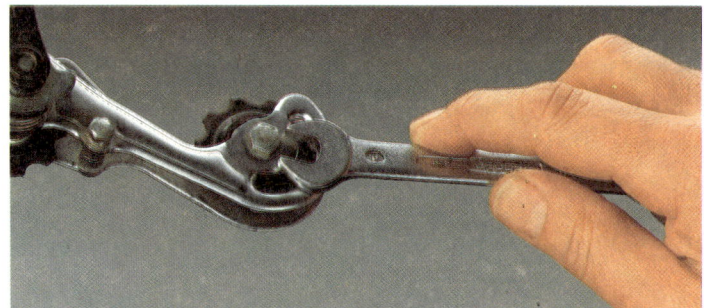

Abb. 2

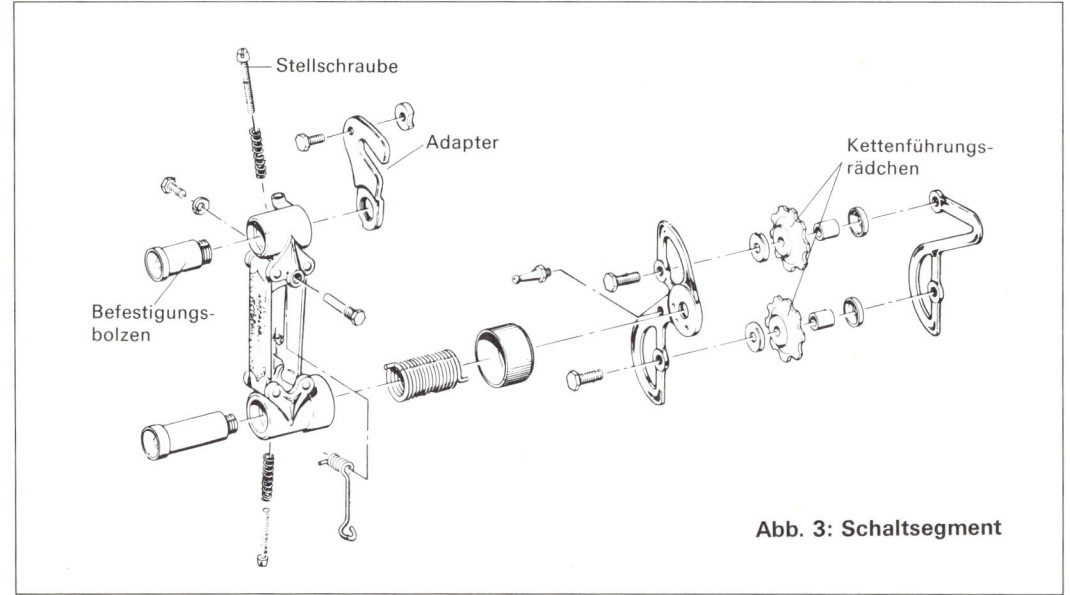

Stellschraube

Adapter

Kettenführungs-rädchen

Befestigungs-bolzen

Abb. 3: Schaltsegment

Abb. 4

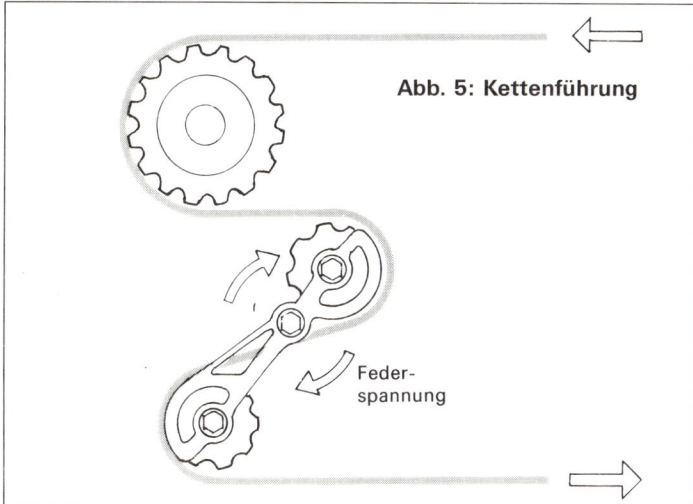

Abb. 5: Kettenführung

Feder-
spannung

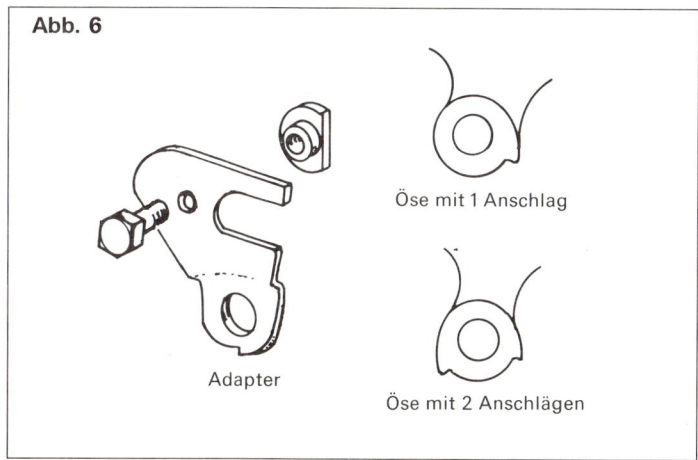

Abb. 6

Adapter

Öse mit 1 Anschlag

Öse mit 2 Anschlägen

Falls das Ausfallende eine Öse für den Umwerfer hat, ist es gleichfalls besser, wenn Ausfallende und Umwerfer vom gleichen Fabrikat sind. Das Hinterrad muß nur beim Entfernen oder Installieren des Adapters ausgebaut werden.

Erforderlich sind:
● Inbusschlüssel
● Schraubenschlüssel

Arbeitsgang Ausbau:
1. Schaltseil lockern und aus der Einklemmung entfernen (siehe Anleitung »Schaltseil auswechseln«, Seite 86).
2. Entweder die Kette auftrennen (siehe Anleitung Seite 49) oder Bolzen eines der Kettenrädchen des Umwerfers ausschrauben, damit die Kette aus der Führung des Umwerfers befreit wird. ❷.
3. Falls Umwerfer mit Adapter entfernt wird, Adapterbolzen um ca. 1 Umdrehung lockern und Adapter mit montiertem Umwerfer herausschieben.
4. Falls Umwerfer ohne Adapter entfernt wird, Befestigungsbolzen des Umwerfers mit Inbusschlüssel nach links lockern, bis der Umwerfer abgeht.

Arbeitsgang Überholen:
1. Beide Kettenrädchen entfernen ❷, ❹, reinigen oder ersetzen (falls sie abgenutzt sind). Gleitlager schmieren.
2. Alle anderen Teile reinigen, prüfen und mit dünnem Öl schmieren.
3. Falls die Kette nicht entfernt wurde, nur ein Kettenrädchen in die Kettenführung installieren. Rädchen muß sich frei drehen.

Arbeitsgang Einbau:
1. Bei einem neuen Umwerfer, falls vorhanden, Pappscheibe am Ende des Bolzens entfernen.
2. Falls erforderlich, Umwerfer auf Adapter montieren ❶.
3. Umwerfer (mit bzw. ohne Adapter) anbringen; Adapterbolzen oder Umwerferbefestigungsbolzen festschrauben ❷.
4. Prüfen, ob sich der Umwerfer frei um den Befestigungsbolzen bewegen läßt.
5. Kette nach Abbildung ❺ Seite 89 führen. Ggf. das zweite Kettenrädchen installieren. Manche Modelle der Marke Sachs-Huret haben zwei entsprechend gekennzeichnete Befestigungspunkte für die Kettenführung. Wählen Sie die äußere Position, falls die Anzahl der Zähne des größten Ritzels die markierte Zahl für die innere Position überschreitet.
6. Schaltseilende locker einklemmen, dann einstellen und festziehen. Seil auf ca. 3 cm abtrennen.
7. Gangschaltung ausprobieren und einstellen.

Abb. 1

Abb. 2

Kettenblatt-Umwerfer ersetzen

Auch der Kettenblatt-Umwerfer soll möglichst vom gleichen Fabrikat sein wie der zugehörige Schalthebel. Falls das innere Kettenblatt sich um mehr als 14 Zähne vom äußeren unterscheidet, brauchen Sie ein Sondermodell. Lassen Sie sich vom Fahrradhändler beraten. Falls der Rahmen mit einem Sockel für die Befestigung ei-

Abb. 3

Abb. 4

nes Umwerfers ausgestattet ist, muß der Umwerfer der gleichen Norm entsprechen. Sie können entweder die Kette vorher entfernen und anschließend wieder installieren oder die Kettenführung aufschrauben, damit Sie sie um die Kette montieren können ❸.

Erforderlich sind:
● Schraubenschlüssel
● Schraubendreher

Arbeitsgang Ausbau:
1. Einklemmung des Schaltseils lockern und Schaltseil herausnehmen.
2. Falls die Kette nicht entfernt wurde, Bolzen durch die Verbindung der beiden Führungsseiten ausschrauben und Büchse entfernen.
3. Befestigungsbolzen abschrauben und Umwerfer entfernen❹.

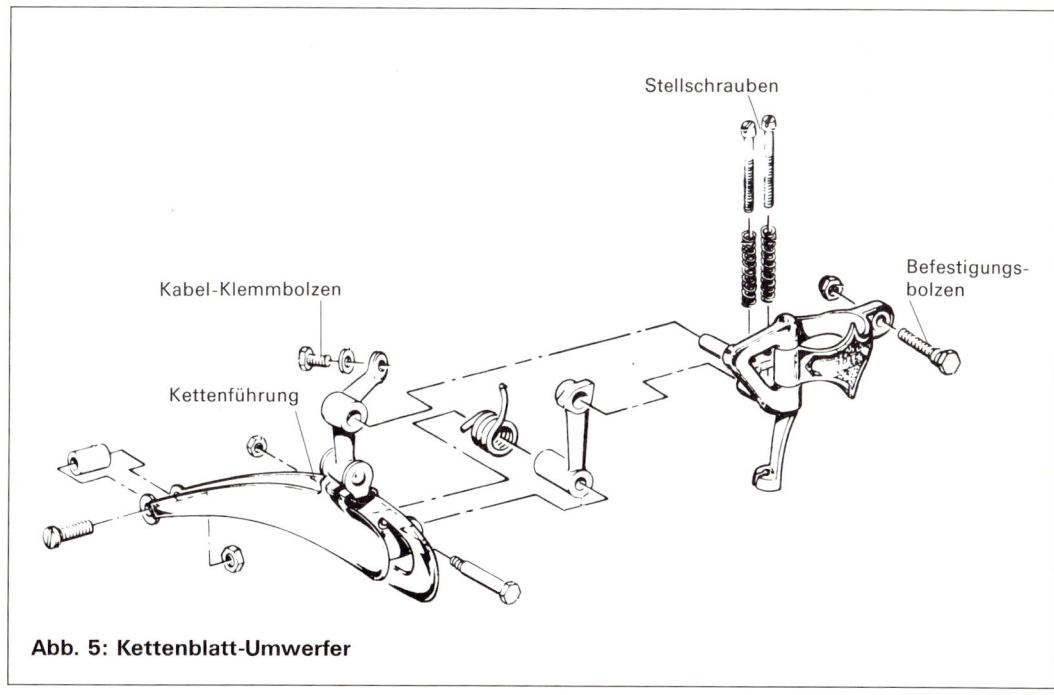

Stellschrauben

Kabel-Klemmbolzen

Befestigungs-bolzen

Kettenführung

Abb. 5: Kettenblatt-Umwerfer

Arbeitsgang Einbau:
1. Umwerfer nicht zu fest um das Sitzrohr bzw. am Umwerfersockel befestigen.
2. Kette installieren und durch die Führung des Umwerfers verlegen oder die Büchse und den Bolzen der Führung so montieren, daß die Kette durch die Führung verläuft.
3. Umwerfer auf richtiger Höhe mit der Führung 2–4 mm über dem großen Kettenblatt und parallel zu ihm einstellen ❶, dann Befestigungsbolzen festziehen.
4. Schaltseilende einklemmen und einstellen.
5. Alle Gänge ausprobieren und Umwerfer einstellen.

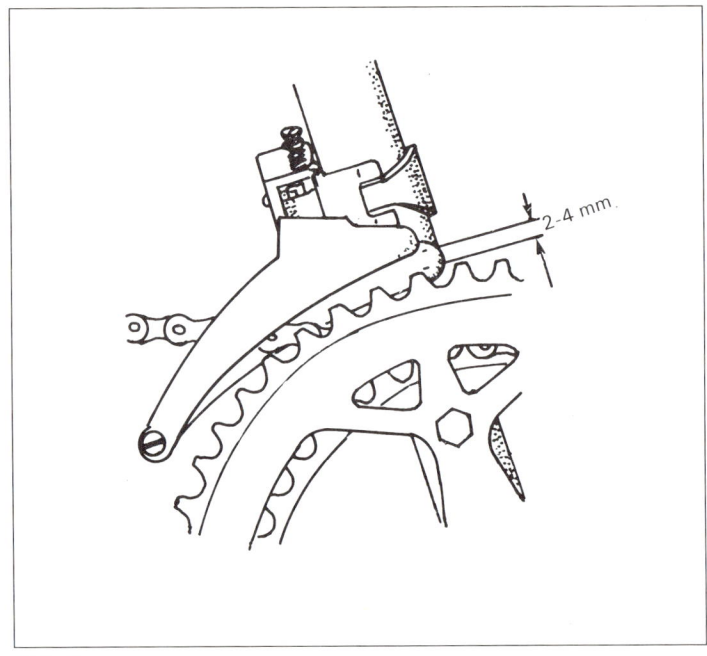

Abb. 1

Zahnkranz auswechseln

Der Zahnkranz auf der Hinterradnabe muß ausgewechselt werden, wenn der Mechanismus versagt oder die einzelnen Ritzel abgenutzt sind. Ob ein Ritzel (meistens das kleinste) abgenutzt ist, erkennt man äußerlich kaum. Man merkt es daran, daß eine neu installierte Kette beim belasteten Fahren auf die Zähne des alten Ritzels »abrutscht«. Es kann auch erforderlich sein, das Ritzel auszuwechseln, wenn ein anderer Übersetzungsbereich (z.B. mit weiter auseinanderliegenden Gängen für Bergfahrten) gewünscht wird. Beim Kauf eines neuen Kranzes aufpassen, daß er vom gleichen Gewindetyp (französisch bzw. italienisch) ist wie die Nabe.
Wenn der Mechanismus noch in Ordnung ist, kann man bei manchen Fabrikaten auch die einzelnen Ritzel auswechseln

Abb. 2

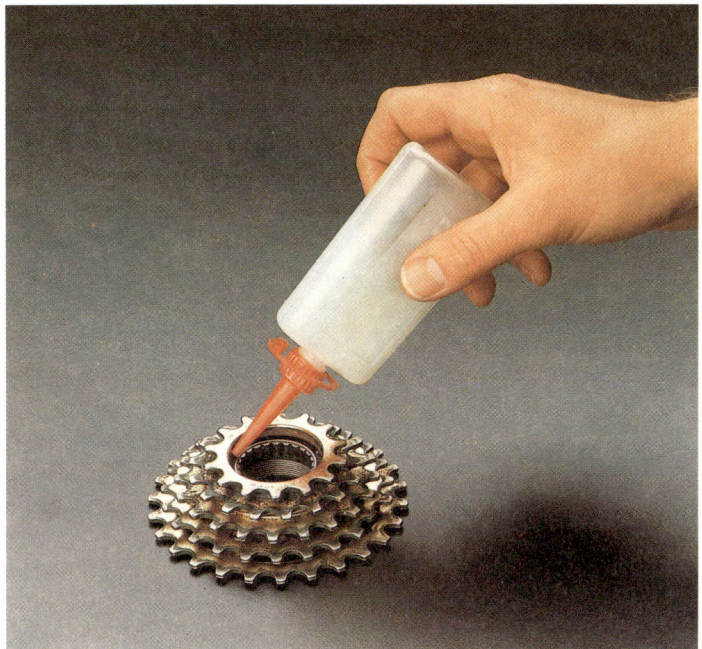

Abb. 3

Kranz sich mit dem Werkzeug von Hand abnehmen läßt.

Arbeitsgang Anbringen:
1. Schraubgewinde von Zahnkranz und Nabe gründlich reinigen und leicht einfetten.
2. Falls eine Protektorscheibe zwischen Speichen und Zahnkranz gelegt werden soll, diese aufstecken.
3. Kranz von Hand sehr vorsichtig auf das Gewinde der Nabe ausrichten und festschrauben. Beim Fahren zieht sich der Kranz von alleine fest.
4. Gangschaltung ausprobieren und einstellen.

Zahnkranzlager einstellen

Für diese Arbeit ist es bei manchen Modellen nicht erforderlich, den Zahnkranz vom Rad zu entfernen. Falls auf der rechten Seite des Zahnkranzes eine Scheibe mit zwei Einsparungen sichtbar ist, braucht der Zahnkranz nicht entfernt zu werden. Bei anderen Modellen muß der Zahnkranz zuerst entfernt werden; dort liegt dieses Teil auf der linken Seite. Das Rad muß jedoch immer ausgebaut sein.

Erforderlich sind:
● Stiftschlüssel oder Stift und Hammer
● Lappen
● Kugellagerfett

Arbeitsgang:
1. Das ausgebaute Rad oder den Zahnkranz mit der Scheibe mit Aussparungen nach oben festhalten.

lassen. Überlassen Sie diese Arbeit dem Fachmann. Falls der Mechanismus locker ist und der ganze Zahnkranz beim Drehen wackelt, kann er anhand der nachstehenden Anleitung eingestellt werden. Für beide Arbeiten muß das Hinterrad ausgebaut sein. Wenn der Freilauf nicht einwandfrei funktioniert, kann er nach Abbildung ❸ geschmiert werden.

Erforderlich sind:
● Spezialwerkzeug – Kranzabzieher (fabrikatgebunden)
● Werkbank mit Schraubstock (zur Not großer Rollgabelschlüssel)
● Lappen
● Vaseline

Arbeitsgang Abziehen:
1. Schnellspanner oder Achsenmutter entfernen.
2. Kranzabzieher mit den Ausragungen in den korrespon-

dierenden Aussparungen des Zahnkranzes über der Achse aufsetzen ❷. Bei einigen Modellen muß dazu die Kontermutter des Nabenlagers entfernt werden.
3. Achsenmutter oder Schnellspanner mit 1–2 mm Spiel installieren.
4. Falls Schraubstock vorhanden, Rad umdrehen und Kranzabzieher in den Schraubstock einklemmen. Falls kein Schraubstock, Rad sehr fest halten (z.B. mit dem eigenen Körpergewicht in die Ecke eines Raums gestemmt) und Rollgabelschlüssel aufsetzen.
5. Rad oder Werkzeug eine Umdrehung nach links drehen; Mutter oder Schnellspanner um eine Umdrehung lockern und Rad oder Werkzeug wieder etwas weiter lockern, bis der

2. Die Scheibe mit den zwei Einsparungen (Stellkonus des Lagers) mit Stiftschlüssel oder Stift und Hammer nach rechts abschrauben (Linksgewinde!) ❶.

3. Einen Abstandsring entfernen falls das Lager zu locker eingestellt war.

4. Den Raum, in dem die Kügelchen liegen, mit Fett ausfüllen (keine Kügelchen verlieren!).

5. Die Scheibe (Stellkonus) nach links fest aufschrauben.

6. Ausprobieren und nötigenfalls durch Entfernen bzw. Zufügen weiterer Abstandsringe nachstellen.

Abb. 1

Beleuchtung und Zubehör

Unter Zubehör versteht man alle die Teile, die nicht
unmittelbar dem Betrieb des Fahrrads dienen. Dazu gehören
sowohl gesetzlich Vorgeschriebenes wie Lichtanlage
und Klingel als auch mehr oder weniger praktische Dinge,
vom Schutzblech bis zur Abstandskelle. Im folgenden
wird zunächst das Wichtigste, die Lichtanlage, gründlich
besprochen. Anschließend finden Sie noch allgemeine
und besondere Hinweise auf Wartung und Montage
weiteren Zubehörs.

Die Beleuchtung

Fast ausschließlich gebraucht – und in der Bundesrepublik sogar gesetzlich vorgeschrieben – ist heutzutage die Dynamobeleuchtung. Im Hinblick auf die Verkehrssicherheit hat ihre Instandhaltung Vorrang vor allen anderen Reparaturen und Wartungsarbeiten, denn keine andere Störung führt so häufig zu Fahrradunfällen wie die der Lichtanlage.

Die Lichtanlage besteht aus Dynamo, Scheinwerfer und Rücklicht. Der im Dynamo erzeugte elektrische Strom wird über isolierte Stromkabel zu Scheinwerfer und Rücklicht geführt und fließt über Massenkontakte und das Metall des Fahrradrahmens wieder zum Dynamo zurück. Die Abbildung zeigt, wie die Teile untereinander verbunden sind ❶.

Der Dynamo muß so angebracht sein, daß die Rolle in unbetätigtem Zustand 5–8 mm vom Reifen entfernt bleibt und in betätigtem Zustand kräftig und flach aufliegt. Die Achse des Dynamos muß nach der Achse des Laufrads ausgerichtet sein ❷. Diese Einstellung wird durch Lockern des Befestigungsbolzens, Verschieben oder Verdrehen der Halterung und Festziehen des Bolzens korrigiert ❸.

Der Scheinwerfer muß so eingestellt sein, daß der Brennpunkt seines Lichtbündels auf einen Punkt 10–15 m direkt vor dem Fahrrad gerichtet ist. Die Befestigung muß so fest angezogen sein, daß er sich mit der Hand gerade noch einstellen läßt, jedoch keineswegs locker sitzt ❺. Für die Ausleuchtung der Straße ist es am günstig-

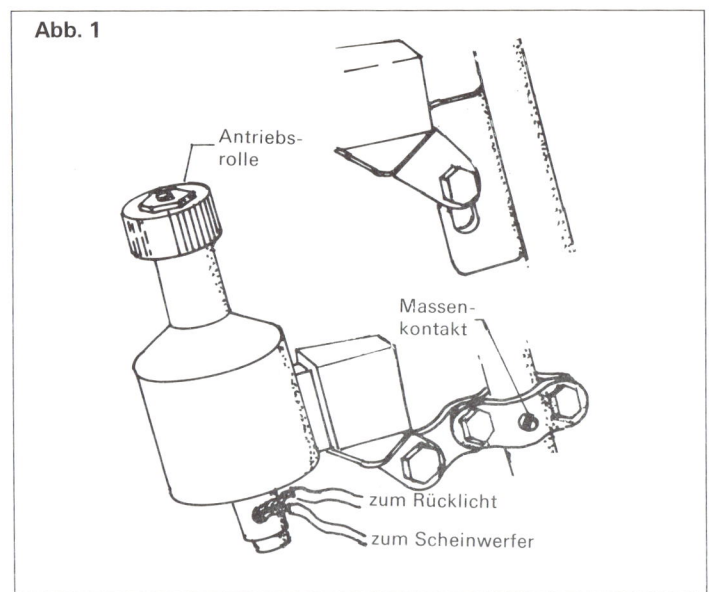

Abb. 1

Antriebs-rolle

Massen-kontakt

zum Rücklicht

zum Scheinwerfer

Abb. 2

Abb. 3

Abb. 4

Abb. 5

sten, wenn der Scheinwerfer so hoch wie möglich angebracht ist.

Das Rücklicht wird auf dem Schutzblech oder an einem der hinteren Streben angebracht und muß waagerecht ausgerichtet direkt nach hinten leuchten. Bei der Strebenbefestigung darf das Licht nicht durch Gepäck verdeckt werden. Der Befestigungsbolzen des Rücklichts dient als Massenkontakt und muß mit einem metallisch am Rahmen befestigten Teil verbunden sein ❹.

Bei einigen Kunststoffschutzblechen ist zu diesem Zweck ein Metallstreifen integriert; bei anderen Kunststoffmodellen muß dieser Kontakt mit einem Stromkabel hergestellt werden. Auch die Verbindung der Stromzufuhr kann mit einem Metallstreifen im Kunststoffschutzblech hergestellt werden. Dazu sind zwei eingesteckte Kabelverbindungen erforderlich: vom Dynamo zu einer Büchse vorne am Schutzblech und von einer Büchse hinten am Schutzblech zum Rücklicht. Bei Störungen immer erst diese Verbindungen prüfen.

Störung der Lichtanlage

Bei einer Störung der Dynamoanlage muß bei der Fehlersuche systematisch vorgegangen werden, z.B. anhand des nachfolgenden Diagramms (❶ Seite 98). Es ist nicht möglich, genaue Anleitungen für jeden Typ zu geben, weil sie sich stark voneinander unterscheiden, insbesondere hinsichtlich der Erreichbarkeit der Birne

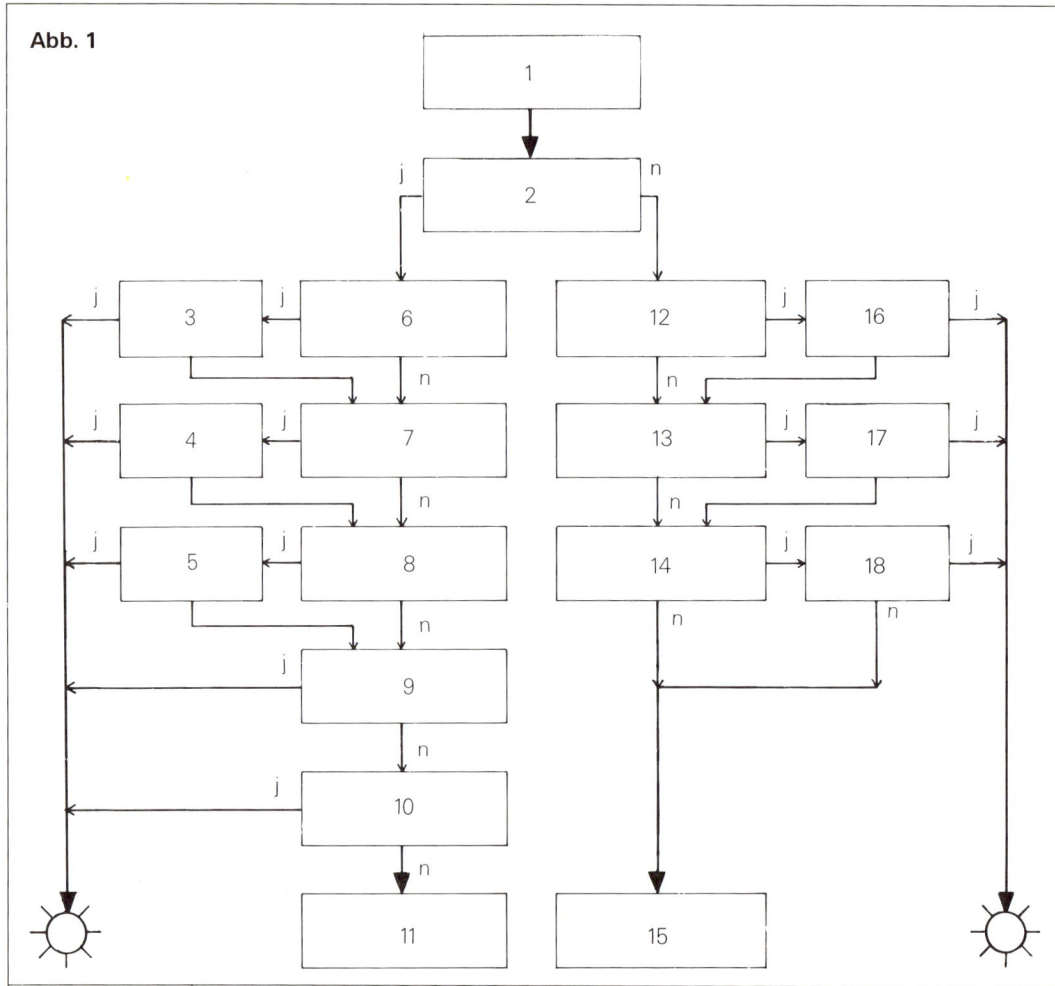

Abb. 1

Nummer	Text
1	Scheinwerfer bzw. Rücklicht funktioniert nicht.
2	Ist das andere Licht in Ordnung?
3	Kontakt reinigen, festziehen – jetzt in Ordnung?
4	Massekontakt reinigen, festziehen – jetzt in Ordnung?
5	Birne festziehen – in Ordnung?
6	Ist Kontakt in Ordnung?
7	Ist Massekontakt in Ordnung?
8	Macht die Birne festen Kontakt?
9	Birne ersetzen – war sie die Ursache?
10	Stromkabel ersetzen – in Ordnung?
11	Scheinwerfer bzw. Licht ersetzen.
12	Ist Dynamoanschluß in Ordnung?
13	Ist Dynamo-Massekontakt in Ordnung?
14	Macht die Bedrahtung Kurzschluß?
15	Dynamo ersetzen.
16	Kontakt reinigen, festziehen – in Ordnung?
17	Massekontakt reinigen, festziehen – in Ordnung?
18	Stromkabel abisolieren bzw. ersetzen – in Ordnung?

Abb. 2

Abb. 3

Abb. 4

und des Anschlusses. Ein kurzer Blick auf die Einzelteile zeigt, wie es im Einzelfall ist ❷ + ❸.

Als Ersatz müssen Reservebirnchen mitgeführt werden – am besten papierumwickelt im Flickzeugkasten. Normalerweise hat die Birne des Scheinwerfers eine Nennleistung von 6 Volt, 2,4 Watt (0,4 A) und die für das Rücklicht 6 Volt, 0,6 Watt (0,1 A). Halogenbirnchen strahlen bei gleicher Nennleistung wesentlich mehr Licht aus und büßen auch nach längerer Zeit nichts von ihrer Helligkeit ein. Sie haben eine abweichende Fassung und können deshalb nur in eigens für sie entworfene Gehäuse installiert werden.

Die häufigsten Störungen bestehen lediglich darin, daß ein Stromkabel sich vom Kontakt des Dynamos oder der Lampe gelöst hat. Bei den heute üblichen Federklemmkontakten empfiehlt sich das Verlöten der Kabelenden (siehe Seite 15). Die Isolierung muß über ca. 1 cm zurückgeschnitten werden, damit die Litze freiliegt, bevor sie verlötet wird. Bei Schraubkontakten muß eine Kabelöse am Ende des Kabels befestigt werden. Verlöten Sie nach Möglichkeit auch die Verbindung zwischen Kabel und Öse.

Falls Birne und Kontakte in Ordnung sind, ist das ganze Kabel zu ersetzen, weil die Litze unter der Isolierung gebrochen sein kann. Die freien Kabelenden müssen so lang sein, daß z.B. der Lenker voll eingeschlagen werden kann und trotzdem noch ca. 10 cm Kabel frei bleibt, so daß dann bei einer Störung noch gekürzt werden kann. Ein durch den Rahmen geführtes Kabel wird ersetzt, indem das neue einfach an das Ende des alten Kabels gelötet wird. Ziehen Sie das alte Kabel vorsichtig heraus und schieben Sie gleichzeitig das neue nach. Die häufigste Störung des Dynamobetriebs besteht darin, daß die Rolle auf die Reifenflanke abrutscht, insbesondere bei Nässe. Es gibt Reifentypen, die dieses Problem verringern, weil eine Seite gerifelt ist. Montieren Sie in dem Fall den Reifen so, daß die Riffelung auf der gleichen Seite ist wie der Dynamo. Manchmal hilft es auch, die Halterung weiter einzubiegen. Dadurch erhöht sich der Auflegedruck. Außerdem gibt es im Handel Gummikappen, die über die Rolle gestülpt werden und das Abrutschen verhindern.

Walzendynamo

Dieser Dynamotyp wird direkt hinter dem Tretlager unter den Unterrohren angebracht ❹ und läuft auf der Lauffläche des hinteren Reifens. Der Vorteil dieses Typs ist sein günstiger Wirkungsgrad: er erzeugt nur geringen mechanischen Widerstand beim Fahren. Leider ist er besonders störungsanfällig, denn die Walze rutscht sehr leicht ab. Abhilfe schafft manchmal das Anbringen eines Stücks von einem alten Fahrradschlauch um die Walze (dazu muß der Walzenträger auf einer Seite gelöst werden). Eine andere Möglichkeit den Auflagedruck zu erhöhen, ist, ein kräftiges Gummiband zwischen Walzenträger und Ausfallende zu spannen.

Rückstrahler

Rückstrahler sind als sekundäre Beleuchtung anzusehen. Sie werfen das aufgestrahlte Licht einer anderen, auf sie gerichteten Lichtquelle zurück. Der Rückstrahler verliert seine Wirkung, wenn Feuchtigkeit auf der Innenseite des Rückstrahlelements kondensiert. Deshalb muß ein Rückstrahler mit einem Riß oder einem Bruch unverzüglich ersetzt werden ❶.

Abb. 1

Das Zubehör

Es ist nicht möglich, genaue Anleitungen für die Instandhaltung aller Arten von Fahrradzubehör zu geben. In diesem Abschnitt wird darauf hingewiesen, auf was beim Zubehör besonderes zu achten ist. Folgendes Zubehör soll hier behandelt werden: Schutzbleche, Gepäckträger, Kettenschutz, Ständer, Tachometer, Klingel, Luftpumpe. Vorher jedoch einige allgemeine Hinweise.

Nicht alles Zubehör ist auch wirklich so nützlich, wie es die Hersteller darstellen. Zögern Sie nicht, Sachen, die sich als unpraktisch erweisen, wieder zu entfernen oder besser noch gar nicht erst anzubringen. Beim Anbringen ist die Anleitung des Herstellers (falls mitgeliefert) zu beachten. Auch für Teile, die bereits am gekauften Fahrrad montiert sind, kann man über den Händler eine Anleitung besorgen. Das gilt insbesondere für bewegliche Teile wie z.B. Tachometer, aber auch für einen geschlossenen Kettenkasten.

Alles Zubehör mit beweglichen Teilen muß genauso gereinigt,

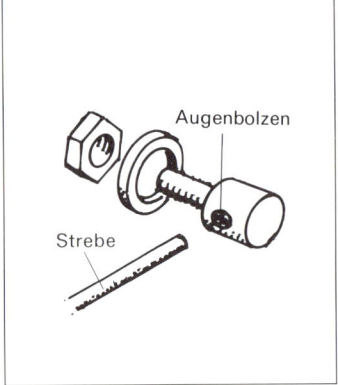

Abb. 2

geschmiert und eingestellt werden wie andere Fahrradteile auch. Teile, die nicht wenigstens an zwei Punkten gehalten werden, werden sich mit der Zeit lösen. Also: an mindestens zwei Stellen festmachen, auch wenn das vom Hersteller nicht vorgesehen ist. Natürlich werden gelockerte Bolzen auch gleich festgeschraubt oder ersetzt, wobei sich Stoppmuttern dafür besonders eignen.

Teile, die mit einer Schelle an den Rahmenrohren angebracht sind, halten am besten, wenn das Rahmenrohr an der Stelle zuerst mit einem Flicken umklebt wird. Hierzu das Rohr reinigen und mit Gummilösung

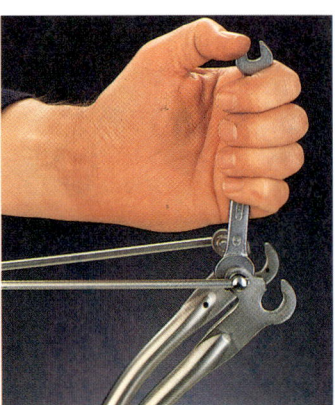

Abb. 3

aus dem Flickzeugkästchen einschmieren, antrocknen lassen und den Flicken genau wie beim Reifenflicken auftragen. Wenn ein großer Flicken gebraucht wird, macht man ihn selbst aus einem alten Fahrradschlauch. Dann aber auch diesen Flicken mit Gummilösung einschmieren und ca. 3 Minuten antrocknen lassen.

Schutzbleche

Die Bolzen der Streben, mit denen die Schutzbleche an den Ausfallenden befestigt sind, müssen gelegentlich nachgezogen werden, ebenso die Bol-

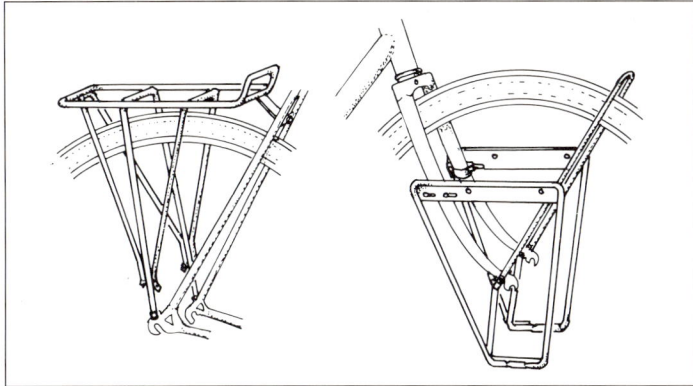

Abb. 4

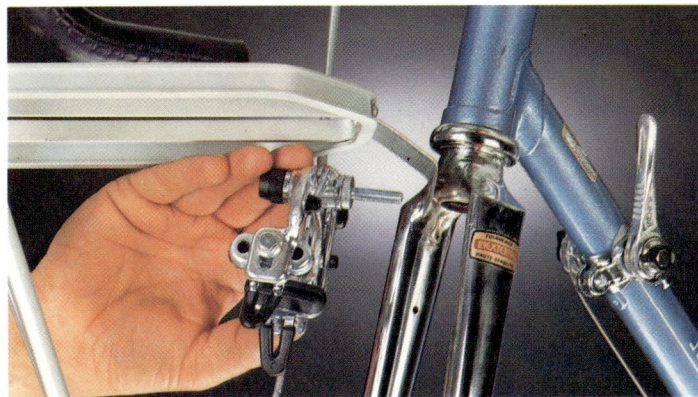

Abb. 5

sollen, die schwerer als ein Schulranzen oder Picknickkorb sind, ist eine solidere Ausführung anzubringen. Ein stabiler Gepäckträger hat eine Gerüst- und Strebenkonstruktion, die entweder aus dickem Metallrohr oder aus in einer Dreieckskonstruktion verschweißtem Stahl- oder Aluminiumdraht beträchtlicher Stärke (Stahl mindestens 6 mm, Aluminium mindestens 8 mm) besteht ❹. Die Anbringungsbolzen müssen regelmäßig geprüft, festgezogen und gegebenenfalls ersetzt werden.

Die Streben des Gepäckträgers werden direkt am Ausfallende angebracht, also nicht über, sondern unter denen des Schutzblechs, falls beide an derselben Öse montiert werden. Auch hier sind Unterlegscheiben unter Bolzenkopf und Mutter erforderlich. Die Befestigung an den hinteren Rahmenstreben muß ebenfalls sicher sein, nötigenfalls mit einer Schelle (Rahmenrohr umkleben!). Der Vordergepäckträger wird oben mit dem Bremsbolzen ❺, unten entweder am Ausfallende oder mit Schellen an der Gabel befestigt.

zen, die Schutzblech und Strebe verbinden. Wenn das Schutzblech schief sitzt oder am Laufrad schleift, werden die Strebenbolzen am Ausfallende gelockert und die Streben weiter ein- oder ausgezogen. Ziehen Sie den Bolzen wieder fest an ❸.

Meist werden Augenbolzen benutzt. Abbildung ❷ zeigt, in welcher Reihenfolge die Teile installiert werden. Bei einfachen Bolzen muß sowohl unter der Mutter als auch zwischen Strebe und Bolzenkopf eine Unterlegscheibe montiert werden. Die Streben des Hollandrads werden um die Radachse und unter die Unterlegscheibe der

Achsenmutter gehalten. Sie lassen sich deshalb nicht einstellen: hier kann nur durch Biegen der Streben Abhilfe geschaffen werden.

Gepäckträger

Leider sind die DIN-Anforderungen an einen Gepäckträger so niedrig, daß manche Modelle unter ihrer Last fast zusammenbrechen oder sich zumindest verbiegen und verformen. Hollandräder und die Aluminiumräder der Firma Kettler bilden in dieser Hinsicht rühmliche Ausnahmen.

Wenn Lasten befördert werden

Kettenschutz

Die meisten Fahrräder haben einen einseitigen Kettenschutz, der zwar die Kleidung einigermaßen gegen Schmiere, die Kette jedoch überhaupt nicht gegen Schmutz und Wasser schützt. Hollandräder haben dafür einen geschlossenen Kettenkasten, der für diesen Zweck eher tauglich ist.

Obwohl es Nachrüstmodelle gibt, denen eine ausreichende Montageanleitung beiliegt, ist das Aufrüsten problematisch: fast immer schleift oder klappert das Ganze, weil die Antriebsteile des Fahrrads nicht auf den Kettenkasten berechnet sind. Der Nachrüstkasten eignet sich besser für das Ersetzen eines beschädigten Kettenkastens. Die Montageteile des Kettenschirms sind Sorgenkind Nummer eins: regelmäßig prüfen, festziehen bzw. die Montageschellen und -schienen verstellen oder ausrichten. Wenn der Kettenschutz an der Kette, am Kettenblatt, am Laufrad oder an der Tretkurbel schleift, muß nicht er selbst, sondern die Anbringung überprüft und nachgestellt oder zurechtgebogen werden. Den geschlossenen Kasten des Hollandrads muß man dazu erst öffnen.

Bei manchen dieser Kettenkästen können Sie selbst leicht feststellen, wie er auf- und zugemacht wird. Bei den mehrteiligen Kunststoffkästen der Firma De Woerd (Standardausstattung vieler Hollandräder) werden die zwei Kunststoffstifte, die wie Schlitzschrauben aussehen, vorne und hinten nur um 90° gedreht und dann herausgezogen. Alle anderen Kunststoffteile werden nur durch Einklemmen gehalten. Sie können der Reihe nach entfernt werden.

Um die Kette eines Rads mit geschlossenem Kettenkasten zu erreichen, braucht man ihn nur teilweise zu öffnen. Bei den mehrteiligen Kunststoffkästen von De Woerd kann die Kette geschmiert oder ihre Spannung geprüft werden, indem lediglich eine der Schienen des Mittenausschnitts abgenommen wird: einfach biegen und herausziehen.

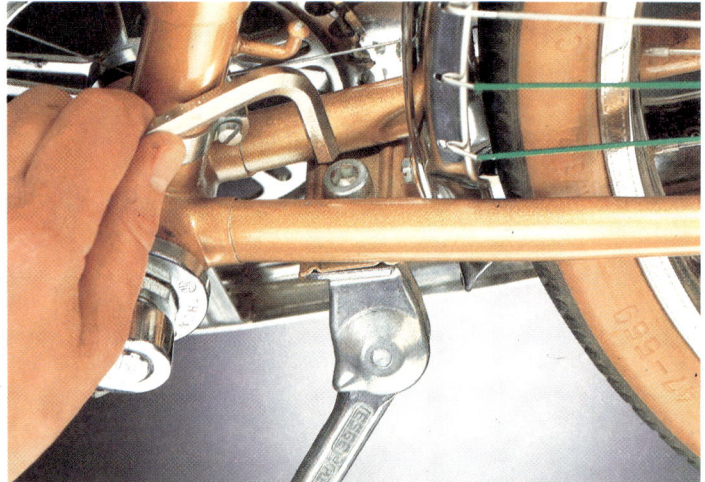

Abb. 1

Abb. 2

Ständer

Am verbreitetsten ist der Einbein- oder Seitenständer. Es gibt aber auch Zweibeinständer, auf denen das Fahrrad sicherer und im Gleichgewicht steht. Beide Modelle werden zwischen den Hinterrohren angebracht – entweder mit einer 8 mm Inbusschraube (bei einfachen Rädern mit flachem Verbindungsplättchen zwischen den Unterrohren) oder

mit einem Gegenstück und einem Sechskantbolzen.

Der Einbeinständer sitzt häufig schief. Er schleift dann beim Fahren an Laufrad oder Tretkurbel und hält das Rad nicht richtig beim Abstellen. Dieses Problem wird behoben bzw. vermieden durch regelmäßiges Anziehen des Bolzens: Die Investition des sonst nirgends am Rad benötigten 8 mm Inbusschlüssels lohnt sich ❶. Falls das Rad nicht richtig steht,

Abb. 3

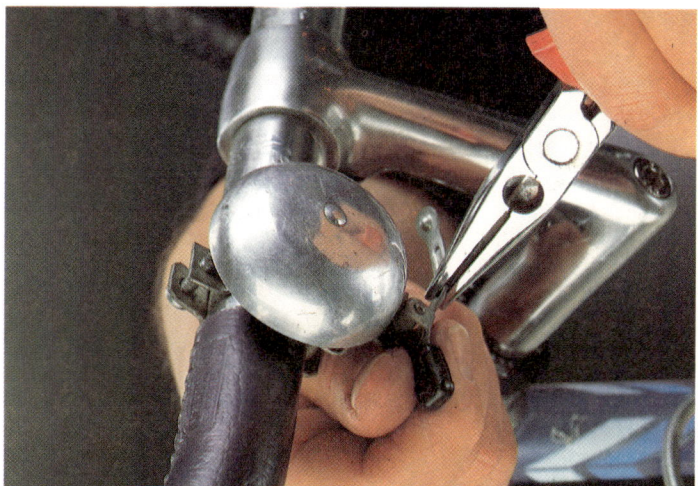

Abb. 4: Biegen des Hämmerchens

ten die Anleitungen des Herstellers.

Bei mechanisch vom Reifen angetriebenen Modellen müssen die Rolle und ihre Lagerung regelmäßig mit Wasser gereinigt werden (bei Kunststoff, bei älteren Modellen aus Metall werden Lager und Antriebswelle mit dünnem Öl geschmiert). Das Laufrad muß ausgerichtet sein und ausreichenden Druck auf den Reifen ausüben. Zu diesem Zweck muß eventuell die Anbringung verschoben werden. Falls erforderlich, erhöhen Sie den Auflagedruck, indem Sie das Laufrad lockern, die Anbringung einbiegen und schließlich das Laufrad wieder festsetzen.

Bei Modellen, die von einem Zahnrad an der Vordernabe angetrieben werden ❷, muß das untere Gehäuse, in das die Antriebswelle eingeschraubt ist, einmal monatlich geschmiert werden. Dazu das Fahrrad umkehren (Lenker so abstützen, daß nichts beschädigt oder geknickt wird) und nach dem Ölen den Stopfen der Schmieröffnung wieder installieren ❸. Bei einer Störung wird die Welle entfernt, geschmiert und wieder eingebaut.

kann der Ständer mit der Metallsäge gekürzt werden.

Einige Zweibeinständermodelle spreizen sich unter der Last eines beladenen Fahrrads. Die einfachste Lösung ist, die zwei Beine mit einem Metallkettchen zu verbinden. Um das Verbiegen des flachen Hinterrohr-Verbindungsplättchens zu vermeiden, legt man zusätzlich eine 3–4 mm starke Stahlplatte der gleichen Größe mit einem eingebohrten 10 mm Loch zwischen Platte und Ständer. Vergessen Sie auch nicht, die Unterlegscheibe zu montieren!

Tachometer

Es gibt drei Tachometertypen: elektronische Modelle, solche, die mit einem Laufrad auf der Reifenflanke laufen und solche, die von einem Zahnrad an der Nabe angetrieben werden. Für die elektronischen Modelle gel-

Klingel

Sie muß von der normalen Handposition aus leicht erreichbar und fest am Lenker befestigt sein. Schrauben Sie gelegentlich die Schale ab, um den Mechanismus leicht mit Öl zu schmieren. Das trifft nicht auf die Einschlagklingel zu, die an sportliche Räder montiert wird. Sie besitzen lediglich ein Hämmerchen, das direkt betätigt wird. Falls sie nicht voll ausklingt, prüfen Sie zuerst, ob die Schale nicht ein anderes Teil des Fahrrads (z.B. den Bremszug) berührt. Sonst müssen Sie das Hämmerchen etwas ein- oder ausbiegen (❹ Seite 103).

Luftpumpe

Luftpumpen gibt es, je nach Ventiltyp, mit unterschiedlichen Anschlüssen. Dabei eignet sich die sog. Rennpumpe mit Anschluß für das Sklaverandt-Ventil auch für das herkömmliche Dunlop-Ventil, jedoch nicht umgekehrt. Für das Autoventil, das manchmal auf Reifen für Mountainbikes und BMX-Räder anzutreffen ist, eignet sich nur die dazugehörige Pumpe (oder der Luftschlauch an der Tankstelle). Falls die Pumpe nicht zwischen den Rahmenrohren eingeklemmt werden kann, wird eine Pumpenhalterung angebracht ❸.

Es gibt zwei Arten von Störungen: die Pumpe komprimiert nicht (kein Widerstand beim Pumpen bemerkbar) oder es entweicht Luft (das kann man hören). Im ersten Fall ist das Pumpenleder am Ende des Pleuels im Pumpeninneren die Ursache: Pumpe aufmachen, mit pflanzlichem Fett bearbeiten, nötigenfalls ersetzen und festschrauben ❶.

Wenn Luft entweicht, kann das daher kommen, daß das Pumpengehäuse selbst undicht ist. Meistens liegt es jedoch am Dichtring des Anschlusses: Zuerst die Kappe festschrauben, wodurch der Dichtring komprimiert wird. Wenn Sie damit nichts erreichen, müssen Sie den Dichtring ersetzen und anschließend die Kappe wieder fest aufschrauben ❷.

Abb. 1

Abb. 2

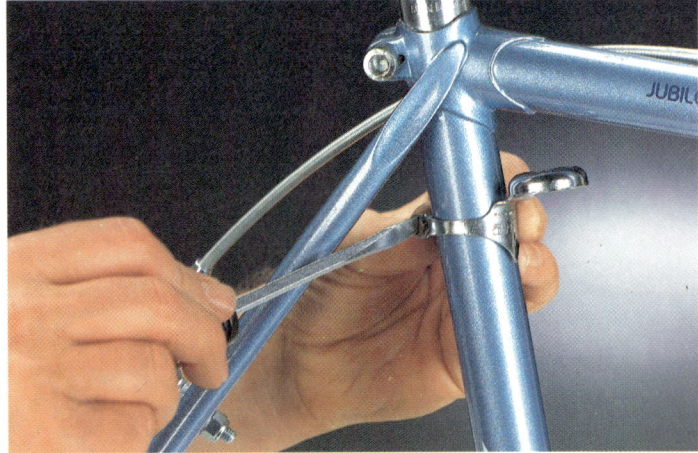

Abb. 3

Anhang

Fehlerquellen-Tabelle

Störungssymptom	Mögliche Ursache	Beseitigung des Fehlers	Beschreibung auf Seite
Großer Widerstand beim Fahren (auch im Freilauf)	1. Schwacher Reifendruck 2. Radlager falsch eingestellt 3. Laufrad schleift am Rahmen	Reifen aufpumpen Nabe einstellen/überholen Radeinbau oder Felge ausrichten	52 58 56/59
Großer Widerstand (nur beim Treten)	1. Kette abgenutzt, nicht geschmiert, falsch eingestellt 2. Tretlager falsch eingestellt, nicht geschmiert 3. Pedal falsch eingestellt, nicht geschmiert 4. Kette oder Kettenblatt schleift am Rahmen	Kette überholen Tretlager einstellen/ überholen Pedal einstellen/überholen festziehen oder ausrichten	48 38/41 46 47
Fahrrad zieht in eine Richtung	1. Laufräder spuren nicht 2. Steuersatz falsch eingestellt 3. Gabel verzogen 4. Rahmen verzogen	Räder ausrichten Steuersatz überholen Gabel richten Rahmen richten	56 f. 24 29 22
Störende Vibrationen	1. Felge verzogen 2. Reifen stark verformt 3. Steuersatzlager locker 4. Nabenlager locker	Laufrad richten Reifen ersetzen Steuersatz einstellen Nabenlager einstellen	59 55 23 58
Störende Geräusche beim Treten	1. Kettenrad, Tretkurbel oder Pedal locker 2. Kette trocken oder abgenutzt 3. Tretlager oder Pedal- lager locker	festziehen oder ersetzen überholen oder ersetzen einstellen oder überholen	42-47 48 37/46
Kette rutscht ab oder »springt«	1. Neue Kette auf altem Ritzel 2. Kette abgenutzt oder sehr locker (Rad ohne Kettenschaltung) 3. Kettenglied fest oder beschädigt	Ritzel ersetzen Kette einstellen oder ersetzen Kettenglied lockern oder ersetzen	82/92 47 48

Störungssymptom	Mögliche Ursache	Beseitigung des Fehlers	Beschreibung auf Seite
Kette fällt vom Kettenrad oder Ritzel	1. Umwerfer falsch eingestellt 2. Kettenrad locker 3. Kette abgenutzt oder falsche Länge 4. Kette fluchtet nicht	Umwerfer einstellen Kettenrad festziehen Kette ersetzen oder kürzen Kettenflucht einstellen	83 47 49 50
Ungleichmäßige Bewegung beim Treten	1. Pedalachse verbogen 2. Tretkurbel verbogen 3. Tretlager locker 4. Pedallager locker	Pedal ersetzen Tretkurbel richten oder ersetzen Tretlager einstellen Pedal einstellen	45 42-44 37-39 46
Einzelne Gänge der Kettenschaltung nicht erreicht	1. Umwerfer falsch eingestellt 2. Umwerfer verschmutzt oder beschädigt 3. Schaltzug falsch eingestellt oder defekt 4. Schalthebel locker oder defekt 5. Schaltzugführungen oder Schalthebelbefestigung locker	Umwerfer einstellen Umwerfer reinigen, schmieren oder ersetzen Schaltzug einstellen oder ersetzen Schalthebel festziehen oder ersetzen Befestigungen festziehen	83 83 86 87 86
Einzelne Gänge der Nabenschaltung nicht erreicht	1. Stellhülse falsch eingestellt 2. Schaltseil eingeklemmt oder Seilführungen locker 3. Schalthebel defekt 4. Schaltnabe falsch eingestellt oder defekt	einstellen Schaltseil ersetzen oder Führungen festziehen Schalthebel ersetzen Nabe schmieren, Lager einstellen, Nabe überholen	79 81 81 81
Felgenbremse läßt nach oder setzt aus	1. Seilspannung falsch eingestellt 2. Schnellspanner versehentlich entspannt 3. Felge verschmiert 4. Gummi-Bremsklotz auf nasser Stahlfelge 5. Bremsseil oder Außenspirale defekt oder eingeklemmt 6. Bremse locker oder defekt 7. Bremsklötze falsch eingestellt 8. Bremsgriff locker oder defekt	Bremsseil einstellen Schnellspanner umlegen Felge reinigen Aluminiumfelge oder besonderen Bremsklotz montieren Seil oder Außenspirale freilegen, schmieren, ersetzen Bremse festziehen, schmieren, überholen Bremsklötze einstellen Bremsgriff einstellen oder ersetzen	67 67 17 71 70 68/72 67/71 74

Störungssymptom	Mögliche Ursache	Beseitigung des Fehlers	Beschreibung auf Seite
Vibrationen beim Bremsen (Felgenbremse)	1. Felge verschmutzt oder beschädigt	Felge reinigen oder ersetzen	17/62
	2. Bremse locker	Bremsbefestigung oder Drehbolzen festziehen	72
	3. Bremsklötze locker oder falsch eingestellt	Bremsklötze einstellen und festziehen	71
	4. Steuersatzlager locker	Steuersatzlager einstellen	23
Lärmentwicklung beim Bremsen	Wie oben bei »Vibrationen« (Punkte 1, 2 und 3)		
Rücktrittbremse läßt nach oder setzt aus	1. Bremshebel locker	Bremshebel befestigen	74
	2. Bremse mit Ölnippel nicht geschmiert	Nabe schmieren	75
	3. Nabenlager falsch eingestellt	Nabenlager einstellen	75
	4. Kette defekt	Kette auflegen oder ersetzen	48
	5. Nabe defekt	Nabe überholen oder ersetzen	58/62
Rücktrittbremse bremst ruckartig	1. Bremshebel nicht richtig fest an Schelle oder Unterrohr	Bremshebel mit passender Schelle fest anziehen	74
	2. Nabe mit Ölnippel nicht geschmiert	Nabe schmieren	75
	3. Nabenlager falsch eingestellt	Lager einstellen	75
	4. Nabe defekt	Nabe überholen oder ersetzen	58/62
Trommelbremse läßt nach oder setzt aus	1. Bedienungsprobleme wie bei Felgenbremse (Punkt 1, 5 und 8)		
	2. Bremshebel locker	Bremshebel befestigen	76
	3. Wasser oder z. B. Öl in Bremstrommel	Bremse überholen, ggf. Bremsbeläge ersetzen	76
	4. Bremsbacken abgenutzt	Bremsbeläge ersetzen	76
Dynamobeleuchtung defekt	1. Dynamo rutscht (insbesondere bei Nässe)	Position der Rolle ändern, Befestigung einbiegen	96
	2. Birnchen defekt	Birnchen ersetzen	97
	3. Stromkabel oder Anschluß defekt	Kabel und Kontakte prüfen, ggf. Kabel ersetzen	97
	4. Massekontakt defekt	Metallische Verbindung herstellen	97
	5. Isolierung des Kabels defekt (»Kurzschluß«)	eingeklemmtes Kabel befreien, ggf. neu isolieren	97

Kugellagermaße

Anwendungsbereich	Kugelgröße	
	Zoll	mm
Tretlager	$\frac{1}{4}''$	etwa 6,4 mm
Hinterradnabe	$\frac{1}{4}''$	etwa 6,4 mm
Vorderradnabe (mit Ausnahme von Campagnolo Record und Zeus Weltmeister)	$\frac{3}{16}''$	etwa 4,8 mm
Campagnolo Record und Zeus Weltmeister Vordernabe	$\frac{7}{32}''$	etwa 5,6 mm
Steuersatz (mit Ausnahme von Zeus, Campagnolo und Shimano Dura Ace)	$\frac{5}{32}''$	etwa 4,0 mm
Campagnolo, Zeus und Shimano Dura Ace Steuersatz	$\frac{3}{16}''$	etwa 4,8 mm
Pedale	$\frac{5}{32}''$	etwa 4,0 mm
Freilauf (Zahnkranz)	$\frac{1}{8}''$	etwa 3,2 mm

Anmerkungen:
1. Vereinzelt werden heutzutage auch herkömmliche sogenannte Rillenlager eingesetzt. Hier sind die Kügelchen nicht auswechselbar, deswegen muß stets das ganze Lager ersetzt werden. Diese Arbeit ist nur vom Fachmann durchzuführen.
2. Die Umrechnung in Millimeter ist nicht genau. Ein Zoll entspricht 25,4 Millimeter; bei Fahrrädern werden Größen immer in Zoll angegeben.

Maß x	Kugel- maß
25 mm	$\frac{1}{8}''$
36 mm	$\frac{5}{32}''$
38 mm	$\frac{3}{16}''$
44 mm	$\frac{7}{36}''$
51 mm	$\frac{1}{4}''$

8 Kügelchen

Maß x

Gewindemaße

Anwendungsbereich	Englisch*	Französisch	Italienisch	Schweizer
Tretlager feste Schale*	1,370 x 24 TPI(L)***	35 x 1 (R)	36 x 24 TPI (R)	35 x 1 (L)
Tretlager Einstellschale*	1,370 x 24 TPI (R)	35 x 1 (R)	36 x 24 TPI (R)	35 x 1 (R)
Pedal links	$^9/_{16}$" x 20 TPI (L)	14 x 1,25 (L)	englisch	
Pedal rechts	$^9/_{16}$" x 20 TPI (R)	14 x 1,25 (R)	englisch	
Steuersatz*	1" x 24 TPI	25 x 1	25,4 x 24 TPI	
Zahnkranz/Hinterradnabe	1,370" x 24 TPI	34,7 x 1	35 x 24 TPI	
Ausfallende/Umwerfer Befestigung**	(französisch)	10 x 1	10 x 26 TPI	

Bemerkungen:
* Einfache Fahrräder des TI-Raleigh-Konzerns (Raleigh, Rudge, BSA, Humber, Phillips) haben abweichende firmeneigene Normen für Steuersatz (1" x 26 TPI) und Tretlager (1,375 x 26 TPI).
** Einige Ausfallenden haben ein Kettenumwerfer-Befestigungsloch ohne Gewinde.
*** L ist Links-, R ist Rechtsgewinde.

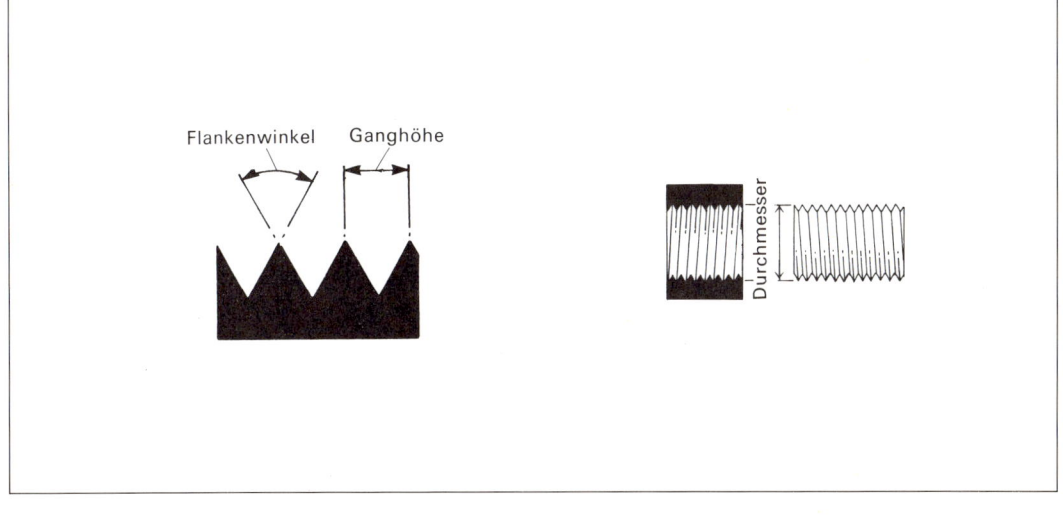

Register

In der Reihe FALKEN DO IT YOURSELF sind in gleicher Ausstattung außerdem erschienen: »Anstreichen und Lackieren« (Nr. 771), »Kleinmöbel aus Holz« (Nr. 905), »Elektroarbeiten« (Nr. 975), »Mofa- und Mopedreparaturen« (Nr. 1008)

CIP-Titelaufnahme der Deutschen Bibliothek

Plas, Robert van der:
Fahrrad-Reparaturen / Rob van der Plas. – Nachaufl. –
Niedernhausen/Ts. : FALKEN, 1990
   (FALKEN, do it yourself)
   ISBN 3-8068-0796-5

ISBN 3 8068 0796 5

Titelbild: Photo-Design-Studio Gerhard Burock, Wiesbaden-Naurod
Fotos: Photo-Design-Studio Gerhard Burock, Wiesbaden-Naurod
Zeichnungen: Rob van der Plas
Autor und Verlag danken Dieter Worth, Frankfurt, und Fritz Reitz, Wiesbaden, die für die Fotoarbeiten Fahrräder zur Verfügung gestellt haben.
Die Ratschläge in diesem Buch sind vom Autor und vom Verlag sorgfältig erwogen und geprüft, dennoch kann eine Garantie nicht übernommen werden. Eine Haftung des Autors bzw. des Verlages und seiner Beauftragten für Personen-, Sach- und Vermögensschäden ist ausgeschlossen.
Satz: Main-Taunus-Satz, Giebitz & Kleber GmbH, Eschborn/Ts.
Druck: Zumbrink GmbH, Bad Salzuflen

817 2635